元素は語る

考古化学で読む元素図鑑

中井 泉

本書は2013年に4月にKKベストセラーズより発行された
『元素図鑑』（ベスト新書）を改題し、加筆・修正を加えたものです。

はじめに

世の中にあるすべての物質は、元素からできています。わたしたちの人間の体も同様に元素からできており、元素は「健康」とも深くかかわっています。

元素というと、難しい化学の話に感じるかもしれませんが、物質世界を語るのには必要なイロハなのです。元素について少し知っておくことは、この物質世界のいろいろなしくみを理解するのに役立ち、きっと楽しみが深くなります。

美術・考古学の視点から見ると、色は元素と密接に関係します。たとえば本書では、石器時代、ラスコーの壁画はマンガンの黒を顔料に描かれていたことを紹介します。古代のエジプトに目を向ければ、青を好んだエジプト人は、銅を使ったエジプシャンブルーという人類最古とされる合成顔料をつくり、トルコ石に似た美しい青色を表現しました。さらに高貴な貴石ラピスラズリの代用品となる、コバルトブルーで着色した紺色ガラスを開発します。ガラスの原料にしてミイラの防腐剤として使われた、ナトロン（ナトリウム）がとれた塩湖の写真も紹介します。また、エジプト新王国時代の壁画には、銅、ヒ素、鉄など多くの元素が使われました。近世では、19世紀後半の印象派を代表するゴッホは、クロムイエロー、コバルトブルーなどのあざやかな色を愛用しました。絵の具や顔料は美しい物を表現したいという、人間の欲求から実現した元素の産物なのです。もちろん、古代には、元素の概念はなく、経験で物をつくっていたのですから、製造職人は大変だったことでしょう。19世紀以降に原子・元素の概念ができたおかげで、わたしたちは簡単に物を一定の品質で自由につくり、使うことができるようになったのです。

美しいと感じることも、食べ物をおいしいと感じることも、すべて元素が五感に作用して起こる感情です。宝石はそもそもは元素で色がついた結晶といっていいでしょう。材料にいたっては、自動車、携帯電話、パソコン…あらゆる製品が元素の力を借りてできています。現代は科学技術社会で、最先端の材料には、レアメタルのように、今まであまり使われていなかった元素も使われるようになりました。それでも自然界にある元素の数は、水素からウランまでたかだか92元素にすぎません。それより重たい元素は、人工物なのであまり気にしなくてよいのです。現在、新規機能性材料が次々と開発されていますが、結局は、92種の組み合わせのひとつにほかなりません。

ところで、フグは著者の好物のひとつですが、ご存じのとおり猛毒を持っています。かといって、食べるのはやめられません。料理人に知識と技術があれば、安心して食べられるわけです。また、鉛が毒だからといって、鉛ガラスまで恐れる必要はありません。日常生活で接するものがすべて元素でできているので、この社会を安全にじょうずに生きて、楽しむには元素についての知識がとても役立ちます。たった、92種の元素で、世の中のものがすべてできてしまうというのは、ある意味、素晴らしいことではありませんか。そして、92種の元素の性質には美しい周期性があり、それが周期表で表せるのです。

本書の構成は、最初に身近な考古学の話題を通して出土遺物の元素情報がどのような意味を持つかを紹介します。トルコの遺跡から出土した資料は世界最古級のガラス容器であることがわかりました。本書では物質に潜在する起源（歴史）の情報を物質史と呼びます。そして、考古学上重要ないくつかのガラス資料の元素分析で解明した物質史を紹介します。次章では原子、元素、周期表についての基礎をご紹介します。そのあとは、118元素メンバーによるハイライトの自己紹介となります。元素が何を語るかお楽しみに。

本書は、単に元素の性質などを紹介するだけでなく、元素そのものの美しい写真や用例の写真を掲載するとともに、わたしの研究テーマのひとつでもある美術や考古学、あるいは環境科学といった視座からも元素を解説し、最新の研究成果も盛り込みました。気になる元素だけ拾い読みいただくもよし、写真をご覧になって、興味を引いた元素から読んでいただくのも歓迎です。それでは、美しくて奥が深い元素の世界をご堪能ください。

考古学者と化学者が協力し「世界最古級のガラス器」を発見

ガラスは、人類がつくったもっとも古い人工材料のひとつで、その起源は、紀元前2000年頃のメソポタミア地方までさかのぼることができる。そして驚くべきことに、約4000年間、ソーダ石灰ガラスの基本化学組成はほとんど変わっていない。

2010年、中近東文化センターのアナトリア考古学研究所（大村幸弘所長）が発掘しているトルコのビュクリュカレ遺跡の紀元前16世紀の地層から、世界最古級のガラス容器（写真①）が発見された。松村公仁発掘隊長の命を受けて筆者らは化学組成分析を行った。

このガラス瓶は、美しい青や黄色の装飾が見られ、メソポタミアの技術でつくられたソーダ石灰ガラス製のコアガラス容器だった。コアガラスとは、金属棒の先に耐火粘土などでコア（核）をつくり、溶かしたガラスでコアを覆って整形し、徐々に温度を下げていき、中のコアを掻き出して仕上げるというガラス製品の製法のひとつである。

考古学者は観察により本資料がコアガラスの技法で作られ、その形式でメソポタミアとの関連を着想した。いっぽう化学者は、分析により化学組成を明らかにし、すでに報告されているメソポタミアのガラスとの類似性からその起源を提案した。紀元前16世紀という年代は、ガラス器が出土した層から出土した炭化物の「C14年代測定」により、化学系の研究者（大森貴之氏）が明らかにしたものである。

化学組成分析は、試料は貴重な文化財のため非破壊で行う必要があり、筆者らは試料にX線を照射して発生する蛍光X線を使って分析する蛍光X線分析法を用いた。ただ、海外の出土試料を日本へ持ち帰って分析するには、厳しい規制があり、高性能のポータブル分析装置を開発し分析が可能となった。上記の分析は、現地の発掘調査隊のあるアナトリア考古学研究所で行った。考古学者と化学者の協力があって初めて世界的発見が実現した。

写真①

ビュクリュカレ遺跡（トルコ）で出土した世界最古級のガラス瓶。

物質史

　すべての物質は、誕生から現在までの歴史があり、それを筆者は「物質史」と呼んでいる。そして、その起源と履歴の情報が物質の中にいろいろな形で刻まれている。したがって、最先端の高感度の分析機器を使えば、物に刻まれた目に見えない物質史の情報を読み出すことができる。

　この物質世界は、今から約１３８億年前のビッグバンが始まりである。それまでは、物質は存在しない。最初に光があり、そのエネルギーから素粒子ができ、核融合で元素ができた。そのあとは、物質の進化によりさまざまな物質ができ、わたしたちの地球は約46億年前に誕生した。物質世界は連続しており、物質は単なる点の存在ではなく過去から現在まで、複雑な因果関係の糸でつながっている。わたしたちも過去をたどればビッグバンまでつながっているのである。

　物質がこの世から完全になくなることはない。物質は原子でできていて、原子をこの世からなくすことができないからである。燃やしても灰と煙が残り、千変万化、物質は形を

■物質の進化　図①

物質は宇宙の始まりから現在まで因果関係で結ばれている。

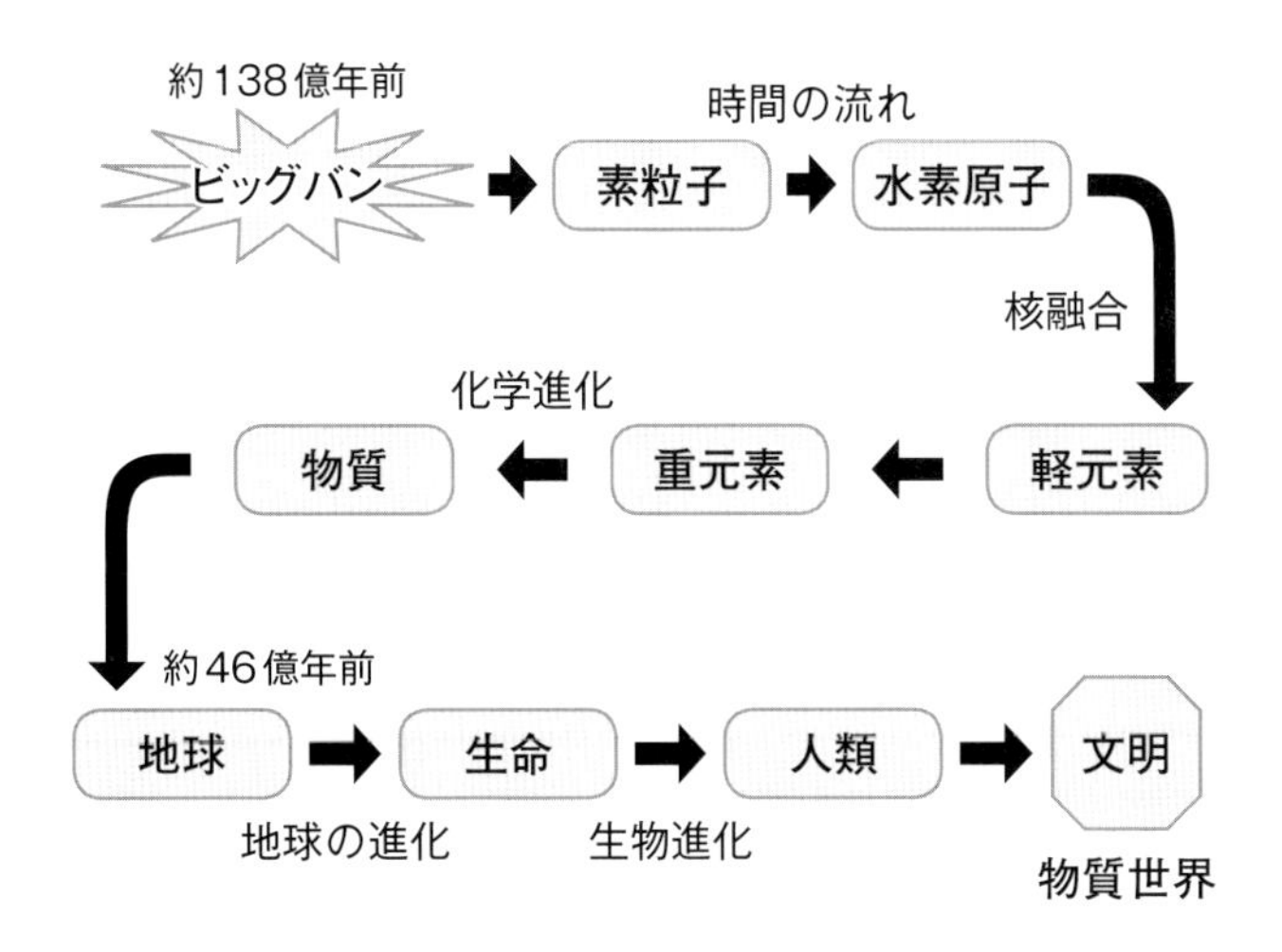

変えてこの世界に存在し続ける運命にある。出土遺物の化学組成分析により遺物の産地が推定できるのは、地球における元素分布の地域性が地球の進化の中で鉱物に記録され、遺物の原料鉱物の元素組成に物質史として刻まれているためである。

以前、国内で旧石器のねつ造事件があった。石器の起源はただひとつしかなく、石器は嘘をつかない。嘘をつくのは人間である。したがって物質は真理であり、物質は因果関係の糸でつながっていて物質に直接問いかければ、正しい声を聴くことができる。その手段が、科学分析なのである。

「遺物は語る」考古化学の役割

考古学は、発掘によって出土した遺構と遺物から古代人の生活、文化、技術、交易などを明らかにしようとする学問である。考古学は、日本では文系の学問として扱われることが多い。しかし、遺物は物質であり、物質の研究は化学の得意とするところである。

文系の考古学者は、遺物の形や型式などを観察して過去の人類の活動を研究する。いっぽうで、わたしたち理系の化学者は、遺構や遺物に対してどうアプローチしているのだろうか。化学者は、図②に示すように、遺物に潜在している化学組成や構造などの物資史情報を分析により明らかにし、考古学情報に変換しているのである。

遺構から出土した遺物には、原料は何か、どこでどのようにして作られ現在まで存続し、出土したのかという情報が物質に刻まれている。古代遺物に刻まれた物質史の情報を読み出すことで、その産地、原料、製造技術、交易などの情報がわかるのである。

たとえば、写真①（7ページ）の遺物が出土したということは、その背景に次のような前提が想定される。まず、過去のある時ある場所でその原料を採取した人の存在。そして、

■考古学と化学と物質史の相関図　図②

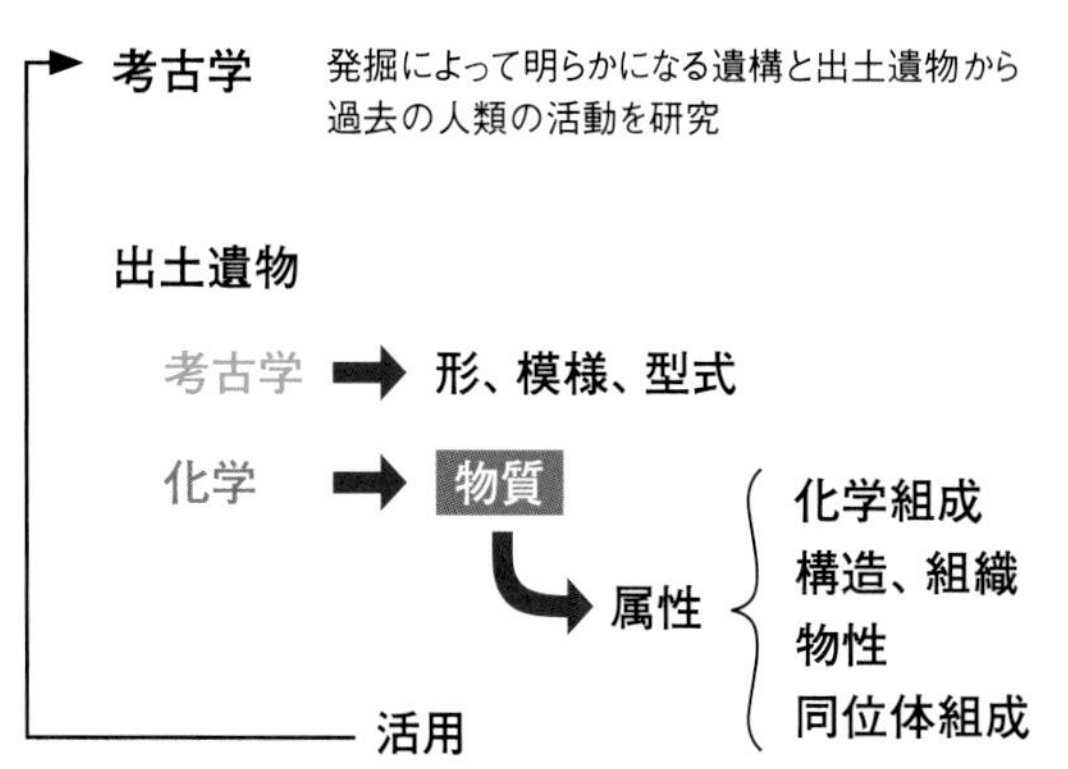

ガラス瓶を作った人と工房と技術の存在。さらに、ガラス瓶をメソポタミアからトルコへ運んだ集団と社会的背景の存在等が前提にあり、それが物質史としてガラスに刻まれているのだ。

そこに至るまでの因果関係を使い、その物質史を読み出すことで、考古学的に重要な情報が化学的に得られるというわけだ。

物質史の解読には、物質との対話が必要で、それは「物質の物語」を聴く作業といえる。コミュニケーションツールとして、できるだけ高感度の分析装置を使い、謙虚に耳を傾ける必要がある。そうすれば、物質が静かに語る真理を聴くことができる。このとき、文系研究者との対話もきわめて重要である。

古代ガラスはどうやってつくられた?

古代の西アジアで広く見られるガラスは、ソーダ石灰ガラスである。その原料は、ソーダ（炭酸ナトリウム）と石灰（炭酸カルシウム）とシリカ（石英）を混ぜて融かしたもの。主成分はシリカで70％程度含まれており、その原料にはケイ石、砂漠や地中海の砂などが使われている。カルシウム分は砂に混ざっている石灰石や貝殻から得ている。

シリカは融点が１６５０℃以上と高温のため、ナトリウムやカリウムといったアルカリ元素が融点を下げる融剤として不可欠な役割を果たしている。

ここで、古代にアルカリ原料として使われたのはナトロンである。エジプトの北方にあるワーディ・ナトルーンという塩湖（写真②）で採取される炭酸ナトリウムの結晶をナトロンといい、ソーダ源として使われていたのだ（62ページ）。また、カリウムやナトリウムを多く含む植物を燃やした灰もアルカリ原料として使われた。植物の灰に水を加えて溶け出したものを灰汁といい、煮詰めるとアルカリ原料となる。

ガラス原料の石英の原子の構造を見てみると、４つの酸素が１つのケイ素をとり囲んだ

写真②

エジプトの塩湖

ソーダ石灰ガラスの原料であるシリカは融点が高く、それを下げる融剤として使われたのがアルカリ元素。エジプトではカイロ北方にあるワーディ・ナトルーンという塩湖（写真）で採れる炭酸ナトリウムの結晶、ナトロンをその材料にした。

「SiO_4四面体」と呼ばれる原子団が、網の目のように規則的につながっている。

アルカリを加えることでこの網目が分断され、不規則で乱雑な構造になったものがガラスである。いろいろな金属元素を添加すると、その網目の隙間に入り込み、特定の色の光を吸収するので、ガラスに色を付けることができるようになるのだ。

古代ガラスの起源や歴史を覆す発見

3〜6世紀、ササン朝ペルシャがイラン高原を中心に勢力を広げていた頃、ローマ帝国から分裂した東ローマ帝国（ビザンツ帝国）は、東地中海沿岸地域を治めていた。政治的に対立関係にあった両国だが、文化や技術面での交流は行われており、とくにペルシャでつくられたササン・ガラスは、地中海沿岸でつくられていたローマ・ガラス（写真③）の影響を強く受けていた。

そのため、よく似た特徴を持ったガラス器が両地域から出土している。このような歴史的背景から、いわゆる「西アジアのガラス」のなかには、ローマ・ガラスなのかササン・ガラスなのかわからないものが多数ある。

しかし、見た目で製造地を判断できないガラスでも、化学分析により、製造地が推定できる。ローマガラスはナトロンをアルカリ原料に使っているが、ササンガラスは伝統的に植物灰を使うという違いがある。

植物灰はマグネシウムとカリウムが多いが、ナトロンはどちらもほとんど含まない。し

クロアチアのネクロポリスから出土したローマガラスと副葬品一式。ローマガラスは、ナトロンをアルカリ原料に使うことが知られている。

写真③

写真④

楕円切子括碗

筆者らの化学分析によってローマ・ガラスであることがわかった古代ガラス器のひとつ。3世紀、シリア。

所蔵:岡山市立オリエント美術館

写真⑤

コバルトを含む明ばん

コバルト明ばんは正式な鉱物名を苦土明ばんという。不純物としてコバルトを含むことでピンクを帯びた色になる。

たがって、ガラスを分析して酸化マグネシウムと酸化カリウムどちらも多ければ、植物灰ガラスでササン・ガラスといえる。どちらも少なければナトロンをアルカリ原料に使うローマガラスで、1・5%がその境界といわれている。マグネシウムが植物に多いのはクロロフィル（葉緑素）の主成分だからだ。中世北ヨーロッパのバルトガラスは、高ライムのカリ石灰ガラスで、森林の木材の灰を使っている。ガラスを作る炉の燃料の灰がガラスの原料にもなるので効率がよい。

円形切子や浮出切子など、ガラスを研磨して立体的な装飾を施す切子技術は、ササン朝ペルシャで盛んに行われており、ササン・ガラスの特徴と考えられてきた。しかし、楕円切子括碗（写真④）を化学分析してみると、見た目はササン・ガラスだが、ローマ・ガラスの化学組成を持っていることが判明した。

それは、ローマでつくられた無地のガラス器をペルシャの人たちが輸入し、あとからササン・ガラス風に加工したものだと考えられている。つまり、ガラス自体の作られた場所と加工された場所が違っているのである。

このように、これまでの常識からは思いもよらないガラスの歴史が、古代ガラスに隠されていることが、物質史を解き明かすことでわかってきたのである。

不透明な青色の古代ガラスの物語

古代エジプトで青色は、天空、水、ナイル川を象徴し、生命の色として好まれ、ラピス・ラズリやトルコ石といった青色の天然宝石は、採掘できる場所が限られていたため、大変貴重な物質だった。古代人が、希少な青色の宝石に代わる青い人工物を作ろうとしたのは自然である。青白色の合成顔料エジプシャンブルー（99ページ）は、紀元前3000年紀から古代エジプトで使われ始め、世界最古の合成顔料のひとつとして知られており、その化学合成技術力は驚くべきものがある。青色彩文土器や彫像などに広く使われた。

ガラスの彩色に用いられたコバルトブルーを紹介する。古代人たちは、色鮮やかな青色ガラスを得るため試行を重ねた結果、新しい鉱物資源を発見した。エジプトの西方砂漠にあるオアシスで見出され、ピンク色の石で鉄明ばんグループに属し、鉱物名ピッカリンガイト、和名苦土明ばんだ（写真⑤）。この明ばんをガラスに加えると、明ばんに含まれるコバルトが着色剤としてはたらき、ラピス・ラズリにも似た美しい青色のガラスができあがる（写真⑥）。コバルトによる青色ガラスが作られるようになったのは、紀元前15世紀のエジプト。その深く美しい青色は人々を魅了し、古代エジプトで大量に生産された。エジプト周辺のメソポタミア地域や地中海地域でもコバルト着色の青色ガラスが見つかっているが、これらを化学的に分析すると亜鉛やニッケルが共通して検出され、エジプトで作られた青色ガラスとよく似た特徴的化学組成を持っていた。当時、エジプト外の地域ではコバルトが入手できなかったため、エジプトで作られた青色ガラスが貴重な交易品となっていたのだ。ガラスの顔料の物質史情報が、古代地中海交易を実証したのである。

成分でわかるガラスの産地や時代

古代ガラスの基本組成は、アルカリケイ酸塩ガラスか鉛ガラスのどちらかだ。ガラスの化学組成の違いは原料の違いを反映し、そのガラスがつくられた時代や地域を推定することができる。古代ガラスの種類（図③）と産地などを紹介しておこう。

・ソーダ石灰ガラス（Na_2O-CaO-SiO_2系）

古代西アジアのガラスはほとんどがソーダ石灰ガラスである。現代の窓ガラスのガラス

ファラオの頭部

写真⑥

エジプト18王朝の王、アメンホテップ3世（在位：紀元前1388～1351年）の彫像と考えられている。エジプトの西方砂漠のオアシスで採れる、コバルトを含む明ばんを原料にしたコバルトブルーで着色していることが、筆者らの分析によって判明。古代では3次元的なガラス彫刻作品は極めてめずらしく、世界的にも非常に価値の高い国宝級の作品だ。

所蔵:MIHO MUSEUM

なども、ソーダ石灰ガラスで基本組成はほとんど変わっていない。アルカリ源としてはメソポタミアやペルシャでは植物灰が使われ、地中海沿岸とエジプトでは、古代には植物灰、紀元前8世紀から紀元9世紀頃まではナトロンが使われていた。

・**アルミナソーダ石灰ガラス（Na_2O-Al_2O_3-CaO-SiO_2系）**

アルミニウムを多く含むソーダ石灰ガラスで、東南アジア～南アジア（インド）で広く見られる。古墳時代の日本にも数多く輸入された（写真⑦）。

・**カリガラス（K_2O-SiO_2系）**

酸化カリウムと二酸化ケイ素を主成分とするガラスで、日本では弥生時代～古墳時代の古墳から出土する。古代西アジアでは見られない「東のガラス」である（写真⑧）。

・**鉛ケイ酸塩ガラス（PbO-SiO_2系：鉛ガラスとも略）**

酸化鉛と二酸化ケイ素を主成分とするガラスで、後漢～唐の時代の中国で独自に発展を遂げたガラス。日本では、弥生時代の古墳からビーズが出土している。正倉院には、鉛ガラスの原料の鉛丹と鉛ガラス製のビーズ（写真⑪）が伝えられている。

・**鉛バリウムガラス(PbO-BaO-SiO_2系)**

中国の戦国時代に揚子江流域で製造が開始され、漢の時代まで続く、バリウムを特徴的に含むガラス。弥生時代の日本でも流通した。

・**カリ鉛ガラス（$PbO-K_2O-SiO_2$系）**

中国で7世紀頃から製造が始まり、宋代に広まったタイプで、日本では平安時代に流通し、平等院（写真⑨）や中尊寺で装飾に使われたガラス。江戸のガラスの多くはこの組成で薩摩切子もこのタイプのガラスだ。

平等院と唐招提寺のガラスの物語

日本で最初にガラスが見出されるのは、紀元前3世紀頃の弥生時代といわれている。それ以降古墳から多くのガラス玉が出土するが、すべてユーラシア大陸各地からの搬入品であった。7世紀後半になって初めて、原料鉱石から鉛ガラスが日本で作られるようになり、奈良の飛鳥池遺跡でガラス工房が見つかっている。

平等院鳳凰堂の平成大修理（平成16年）で本尊阿弥陀如来（あみだにょらい）の台座華盤の内部から多数のガラス玉（写真⑨⑩）が発見された。きわめて貴重な資料であることから著者らは蛍光X

■古代ガラスの化学組成による分類　図③

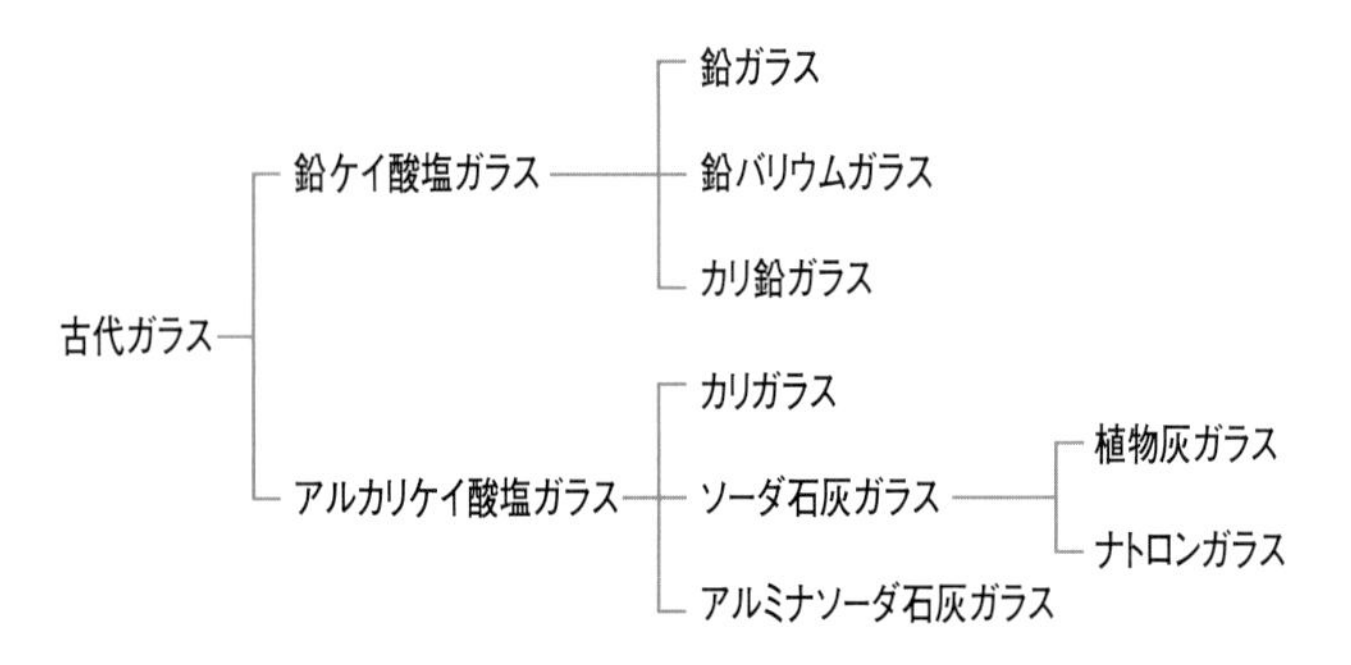

写真⑦

カンボジア出土アルミナソーダ石灰ガラス

所蔵:トラネーコレクション

写真⑧

佐賀県鳥栖市内畑で
出土したカリガラス

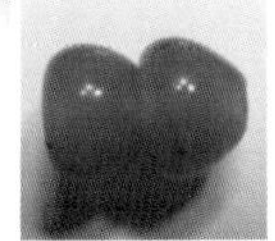

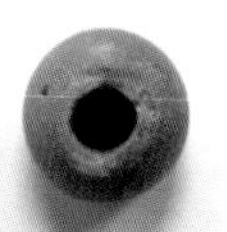

平等院鳳凰堂出土の
カリ鉛ガラス

所蔵:平等院ミュージアム

写真⑨

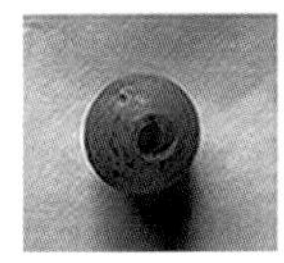
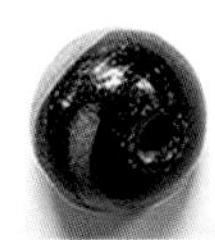

平等院鳳凰堂出土の
鉛ガラス

所蔵:平等院ミュージアム

写真⑩

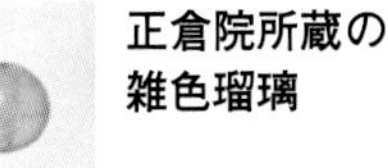
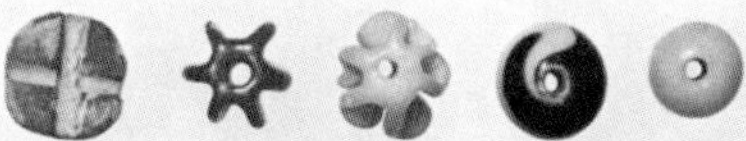

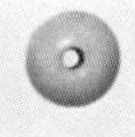

正倉院所蔵の
雑色瑠璃

写真⑪

写真⑫

唐招提寺の国宝・
白瑠璃舎利壺(左)、
復元品(右)

復元制作:迫田岳臣氏

線分析を行った。分析したガラス玉の9割以上がカリ鉛ガラスで、1割が鉛ガラスだった。その中に、正倉院所蔵のガラス玉（写真⑪）と外見上よく似ているものがあった（写真⑩）。化学組成を比較すると、どちらも鉛（PbO）を70％、鉄（Fe_2O_3）と銅（CuO）を1％含み、緑色着色方法も同一であることから、同じ技術で作られたものと考えられた。奈良時代の正倉院の玉と類似した玉が平等院鳳凰堂（1053年落慶）から出土したことは謎だが、奈良時代の製造技術が平安時代まで伝えられたのか、光明皇后ゆかりの藤原家で大切に保管されていたものが使われたのか。ふたつの説が考えられ、興味深い発見となった。

唐招提寺には、鑑真和上が中国から持ってこられたと伝わる白瑠璃舎利壺（はくるりしゃりこ）という国宝（写真⑫左）がある。舎利壺とは、文字どおり舎利（釈迦の遺骨）を入れる容器で、この貴重なガラスがどこで作られたのかを明らかにするため著者らは化学分析を行った。

分析の結果、当時中国で作られていた鉛ガラスではなく、西アジアのソーダ石灰ガラスであることが判明。さらに、MgOを5・9％、K_2Oを2・2％含む植物灰ガラスであったことから、ペルシャ帝国やイスラム帝国で作られたガラスがシルクロードを通って中国へ渡来し、日本に運ばれたことが分析により解明された。さらに、分析結果を使って復元も実現（写真⑫右）し、制作技術についても知見が得られた。

元素は語る　考古化学で読む元素図鑑　目次

フィンセント・ファン・ゴッホ
《ひまわり》
1888年、ミュンヘン、
ノイエ・ピナコテーク
名画家ゴッホは、クロム酸鉛を主成分とする黄色の顔料であるクロムイエローを愛用した（詳細は85ページ）。

「原子」はどこからきたのか

原子はいつ、どのようにしてできたのだろうか。約137億年前、この宇宙が、ビッグバンで誕生したとき原子はなく、光（＝エネルギー）しかなかった。

アインシュタインの有名な$E=mc^2$（Eはエネルギー、mは質量、cは光の速度）の式が示すように、エネルギーと質量は等価なので、エネルギーからこの世界の最初の物質である、重さのある素粒子ができる。その素粒子から陽子、中性子、電子ができるのだが、宇宙は超高温状態で陽子と電子は最初はばらばらだった。それが宇宙の温度が冷えると、陽子と電子がプラスとマイナスで引き合ってひとつに結ばれる。これが、水素原子の誕生だ。図1に示すように、陽子は原子の中心にあって中性子とともに原子核を構成する。

電子は電線やテレビのブラウン管のなかでは自由に動き回れるが、原子核にトラップされると、電子は決められた軌道しか運動できなくなる。独身時代は好き勝手に遊び回っていた人が、結婚すると決められた通勤電車で家と仕事場を往復するのにどこか似ている。

最初の宇宙には、物質は水素とヘリウムしかなかった。それより重い元素は、高温の星のなかで核融合によって合成されていく。太陽では、このような核融合反応が現在も起こっている。このとき、生成した元素の原子核には、安定なものと不安定なものとがあり、それによって、宇宙において多い元素、少ない元素など、宇宙での元素の存在度が決まり、最終的に地球における金やリチウムなどの資源の量や地域差も決まる。このときつくられた「原子核が不安定な元素」が「放射性元素」で、放射線を出して別のより安定な原子核に変化し、この現象を放射壊変という。

原子核のなかにある中性子は、質量は陽子とほぼ同じで電荷を持たない。原子核のなかにプラスの陽子が複数あっても反発しないのは、中性子がのりの役目をして原子核をまとめているからである。原子のなかの陽子（電子）の数を原子番号といい、元素の性質を決めている。原子番号が同じで、中性子の数が異なる原子を同位体といい、陽子と中性子を合計した数の質量数で区別するが、化学的性質はほぼ同じである。

■原子の構造（図1）

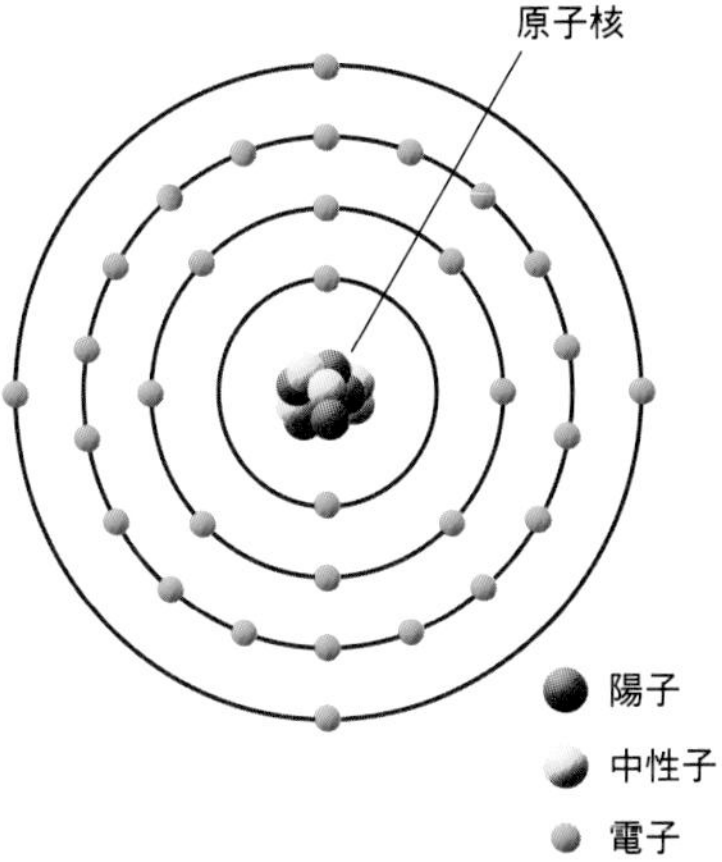

原子核

陽子
中性子
電子

「元素」とその性質

原子は「すべての物質をつくる基本粒子」であることを説明した。では、元素とは何か。明確な説明は、「原子番号で分けた原子の種類」と考えればよい。

原子は大きさのある粒子1個を指すが、元素というときは「物質の性質を包括する抽象的概念」ともいえる。原子の性質は原子の何によって決まるのかというと、電子の数（＝原子番号）である。あらゆる物質は原子からできているが、原子は物質のなかで、ばらばらに存在するのではなく、電子を介して化学結合という力で結びついて物質をつくっている。複数の原子が結びついてできた物質を分子という。

たとえば、AとBふたつの箱に水素原子と酸素原子が同数あるとする。Aの箱には水素原子、酸素原子がそれぞれ結合した水素分子、酸素分子がある。いっぽうBの箱には、酸素原子1個と水素原子2個が結合した水分子がある。化学反応式で示すと次のとおりだ。

$2H_2 + O_2$（箱A）＝$2H_2O$（箱B）

Aの箱にマッチで火をいれると爆発するが、Bは安定な、生命を助ける水である。箱の

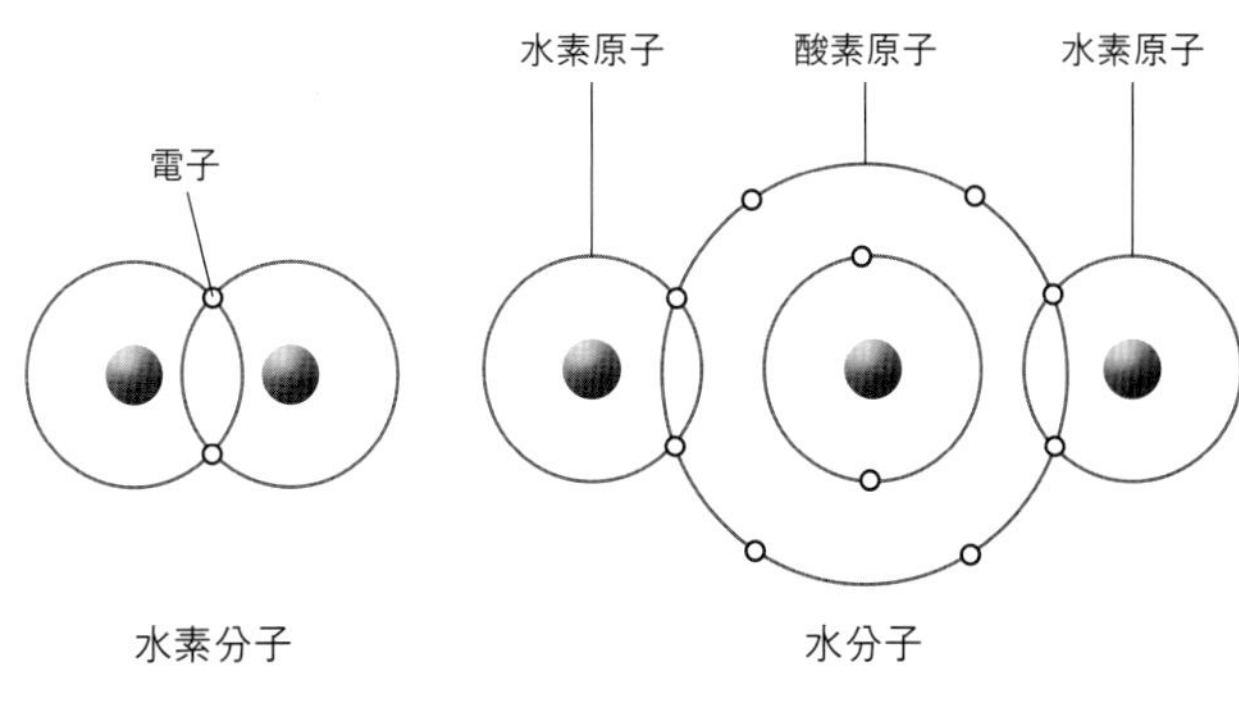

■原子が電子を共有して結合すると分子になる（図2）

なかに入っている原子の種類と数は右と左で同じでも、物質の性質は全然違うことがわかる。このような違いは、原子がどのような原子と結合しているかで決まってくる。そのとき、結合の主役をになうのが電子で、電子は物質の理解に極めて重要な存在なのだ。図2は、水素分子と水分子の電子のようすを表し、原子が結合するとき、電子がペアになると安定化する。電子の軌道に2つもしくは8つあると安定である。ヘリウムやネオンはもともと一番外側の軌道の電子が2つ、8つなので結合をつくらないでも安定で、分子をつくらない。

同位体の化学的性質が似ているのは、電子の数が同じであるためである（ニュースで耳にする、セシウム133、セシウム137といったふうに区別される）。セシウムの同位体は質量数を名前につけて、セシウム137といったふうに区別される）。

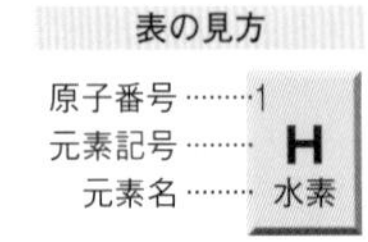

希ガス（18族）
ハロゲン（17族）

10	11	12	13	14	15	16	17	18
								2 He ヘリウム
			5 B ホウ素	6 C 炭素	7 N 窒素	8 O 酸素	9 F フッ素	10 Ne ネオン
			13 Al アルミニウム	14 Si ケイ素	15 P リン	16 S 硫黄	17 Cl 塩素	18 Ar アルゴン
28 Ni ニッケル	29 Cu 銅	30 Zn 亜鉛	31 Ga ガリウム	32 Ge ゲルマニウム	33 As ヒ素	34 Se セレン	35 Br 臭素	36 Kr クリプトン
46 Pd パラジウム	47 Ag 銀	48 Cd カドミウム	49 In インジウム	50 Sn スズ	51 Sb アンチモン	52 Te テルル	53 I ヨウ素	54 Xe キセノン
78 Pt 白金	79 Au 金	80 Hg 水銀	81 Tl タリウム	82 Pb 鉛	83 Bi ビスマス	84 Po ポロニウム	85 At アスタチン	86 Rn ラドン
110★ Ds ダームスタチウム	111★ Rg レントゲニウム	112★ Cn コペルニシウム	113★ Nh ニホニウム	114★ Fl フレロビウム	115★ Mc モスコビウム	116★ Lv リバモリウム	117★ Ts テネシン	118★ Og オガネソン
63 Eu ユウロピウム	64 Gd ガドリニウム	65 Tb テルビウム	66 Dy ジスプロシウム	67 Ho ホルミウム	68 Er エルビウム	69 Tm ツリウム	70 Yb イッテルビウム	71 Lu ルテチウム
95★ Am アメリシウム	96★ Cm キュリウム	97★ Bk バークリウム	98★ Cf カリホルニウム	99★ Es アインスタイニウム	100★ Fm フェルミウム	101★ Md メンデレビウム	102★ No ノーベリウム	103★ Lr ローレンシウム

※同じ族の元素は化学的性質が似ている。★は人工元素

118元素の周期表

族 / 周期	1	2	3	4	5	6	7	8	9
1	1 H 水素								
2	3 Li リチウム	4 Be ベリリウム							
3	11 Na ナトリウム	12 Mg マグネシウム							
4	19 K カリウム	20 Ca カルシウム	21 Sc スカンジウム	22 Ti チタン	23 V バナジウム	24 Cr クロム	25 Mn マンガン	26 Fe 鉄	27 Co コバルト
5	37 Rb ルビジウム	38 Sr ストロンチウム	39 Y イットリウム	40 Zr ジルコニウム	41 Nb ニオブ	42 Mo モリブデン	43 Tc テクネチウム	44 Ru ルテニウム	45 Rh ロジウム
6	55 Cs セシウム	56 Ba バリウム	57~71 ランタノイド	72 Hf ハフニウム	73 Ta タンタル	74 W タングステン	75 Re レニウム	76 Os オスミウム	77 Ir イリジウム
7	87 Fr フランシウム	88 Ra ラジウム		104★ Rf ラザホージウム	105★ Db ドブニウム	106★ Sg シーボーギウム	107★ Bh ボーリウム	108★ Hs ハッシウム	109★ Mt マイトネリウム
				57 La ランタン	58 Ce セリウム	59 Pr プラセオジム	60 Nd ネオジム	61 Pm プロメチウム	62 Sm サマリウム
			89~103 アクチノイド	89 Ac アクチニウム	90 Th トリウム	91 Pa プロトアクチニウム	92 U ウラン	93★ Np ネプツニウム	94★ Pu プルトニウム

非金属:気体
液体
固体
金属:液体
固体
未確定
ランタノイド、アクチノイド

アルカリ金属（1族）

アルカリ土類金属（2族）

「周期表」って何だろう？

「水兵リーベぼくの船、七曲がりシップス…」

語呂合わせによる暗記を思い出させる周期表には、110を超える元素が、原子番号の小さい順に並んでいる。周期表の縦の列を「族」といい、1族から18族まである。いっぽう「周期」と呼ばれる横列は、第一周期は2個、第二、第三周期は8個、第四周期以降は18個の元素が並ぶ。このように並べると周期的に同じ族の元素の化学的性質が似るようになるので、周期表という。

原子の周りを周回する電子の軌道を電子殻といい、図3で示すように一番内側からK殻、L殻、M殻、N殻…と名付けられていて、その電子の収容数は、2、8、18、32…と決まっている。元素の化学的性質はいわば元素の顔となる一番外側の殻（最外殻という）の電子の数で決まり、同じ族の元素は最外殻の電子数が同じなため、化学的性質が似る。つまり、電子配置の規則性で周期性が現れるのだ。

たとえば、図3のように、最外殻に1個の電子を持つ第一族（水素を除く）の元素はアルカリ金属元素といい、いずれも、一価の陽イオン（プラス1の電荷を持ったイオン）になり、水と反応す

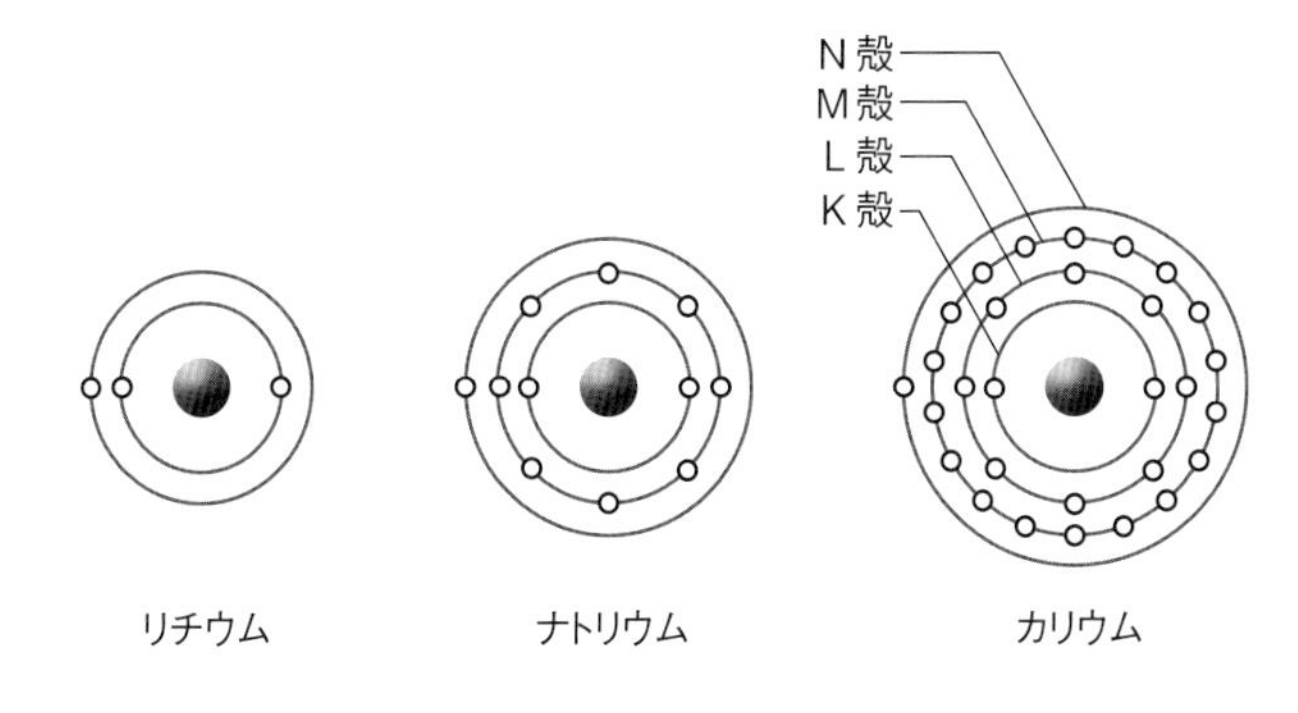

■最外殻電子が1つのアルカリ金属元素（図3）

ると水素ガスを発生し、水溶液はアルカリ性となる共通した性質を持っている（34～35ページに示した周期表における「アルカリ金属元素」）。

1～2族、12～18族の元素を典型元素といい、同族の典型元素は、非常によく似た化学的性質を持つ。そして、多くの元素では、K殻に2個、次いでL殻に8個…と内側から順に電子が埋まっている。

ところが、3族から11族（12族とする場合も）にある元素は、最外殻のひとつ内側の電子殻が規定の電子数まで埋まっていないのに、最外殻に1個か2個の電子がある不規則な構造をしている特徴があり、遷移元素という。水銀以外はいずれも固体の金属で、バラエティに富む性質を持ち、マンガン、鉄、コバルトなど機能性材料として重要な元素が多い。

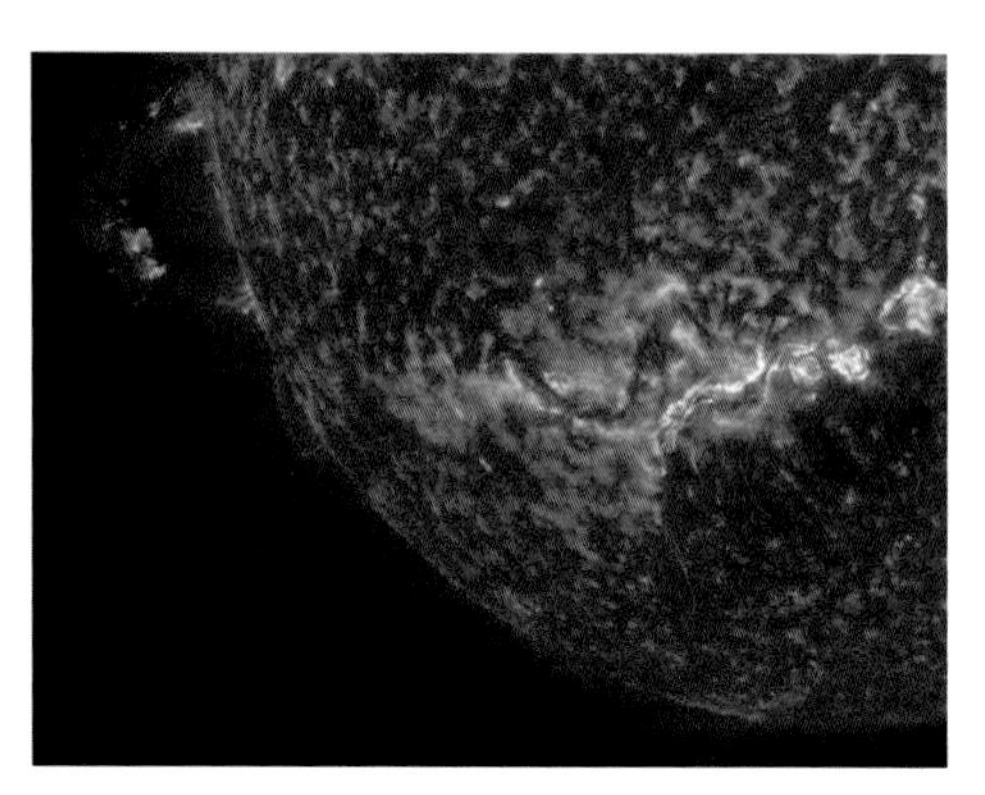

太陽は、水素原子とヘリウム原子の核融合反応で膨大なエネルギーを生んでいる。
©NASA/SDO/GSFC

H
水素

スペースシャトルのメインエンジンには、液体酸素と液体水素による液体燃料ロケットが使われた（写真は、2009年7月15日に打ち上げられたエンデバー号）。
©NASA/Sandra Joseph, Kevin O'Connell

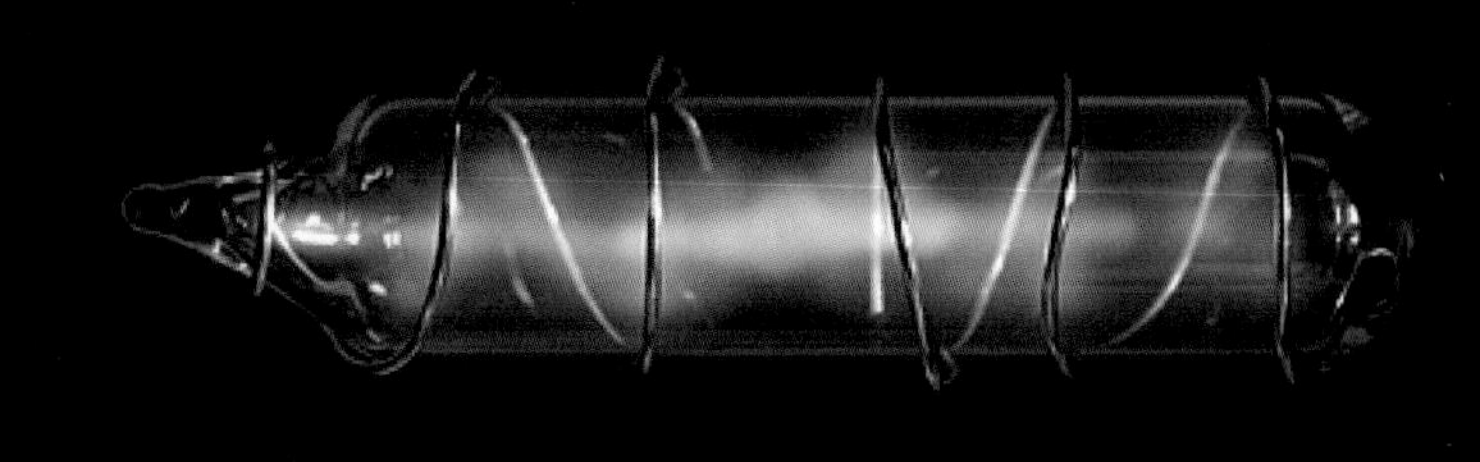

無味無臭、無色透明なヘリウムだが、
ガラス管に注入して高電圧をかけると、
黄色がかったピンク色の光を放つ。
©アフロ

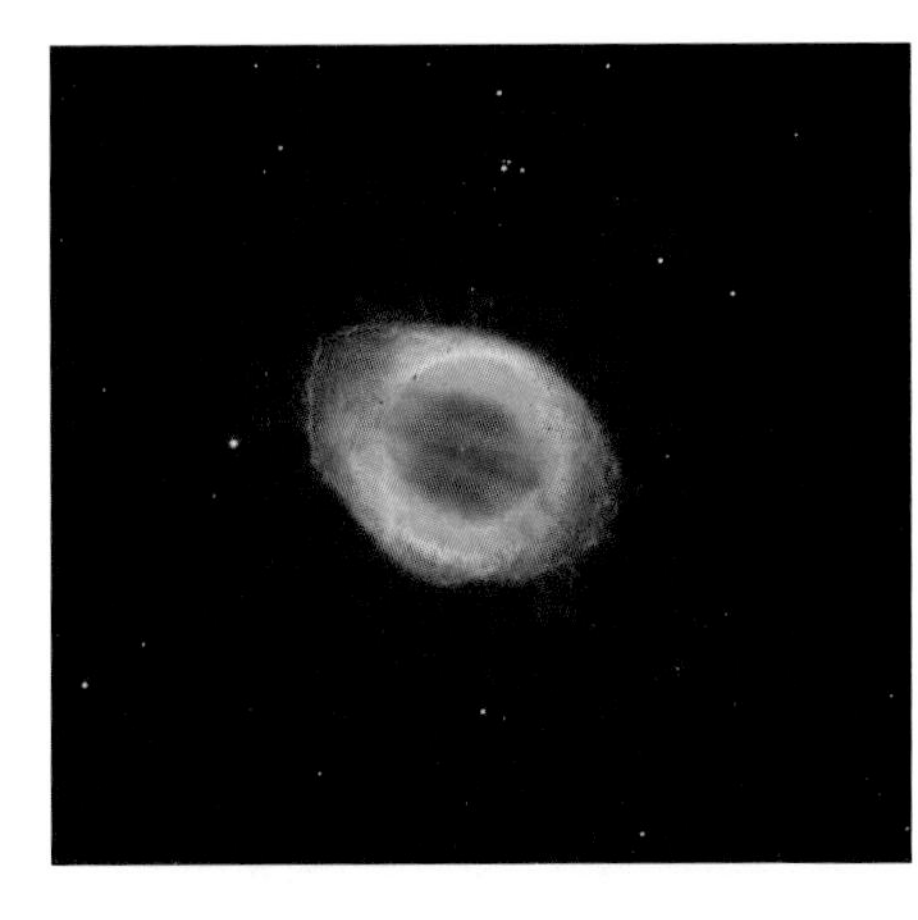

地球から約2600光年先、こと座にあるM57（NGC6720）。水素とヘリウムが燃え尽きて、やがて一生を終える惑星状星雲である。リング状の姿から環状星雲（リング星雲、ドーナツ星雲）とも呼ばれる。
©NASA,ESA,C. R.O'Dell(Vanderbilt University),and D. Thompson(Large Binocular Telescope Observatory)

水素

もっとも軽い元素で太陽エネルギーの源

原子量	融点	沸点	密度
1.00794	-259.14℃	-252.87℃	0.08988kg/m³

水素は、陽子1つと電子1つからなるもっとも軽い元素だ。常温では無色無臭の気体で、非常に燃えやすい性質を持っている。宇宙にもっとも多く存在する元素で、宇宙全体の元素質量の約75%を占めている。恒星の構成要素はほとんどが水素の塊だ。

地球上では、ほとんどが化合物の状態で存在し、地球の大気中には水素分子の状態ではほとんど存在しない。

水素が水のなかで水素イオン（H^+またはH_3O^+）になると、酸としての機能を持つ。食用の酢の酸っぱいのは、この酸のはたらきだ。また、水素イオン濃度が高くなると、鉄や亜鉛などの金属を溶解するはたらきを持つようになる。塩酸は、この作用を持つ水素と塩素の化合物だ。水素のもっとも重要な役割は、水素原子2個と酸素原子1個から水分子H_2Oになることである。この地球の地表の3分の2が水で覆われ、生命をはぐくんでいる。水は液体だが、地球上では気体（水蒸気）や固体（氷）にも変化する。この作用で、雨や雪が降るなど気候を調節し、植物を生育させている。生命は海から誕生したのだ。

原子番号
2
He
Helium

ヘリウム

沸点がもっとも低い元素

原子量
4.002602

融　点
-272.2℃

沸　点
-268.934℃

密　度
（気体）0.1785kg/m³
（液体）124.8kg/m³

ヘリウムは宇宙誕生後、水素とともに最初にできた元素だ。無色無臭だが、電気を流すと黄色がかったピンク色の光を放つ。気体では水素に次いで軽く、宇宙では水素に次いで多く存在するが、地球上にはごくわずかしかない。他方、木星の外層部は凍った水素とヘリウムでできている。太陽系誕生時、軽い水素やヘリウムは太陽引力の及ばない遠方に飛んでいき、木星の表面で凍って堆積したのだ。化学的に不活性でほかの元素と化合物をつくらず、人体にも無害で、元素のなかでもっとも沸点が低い（約マイナス269℃）。

飛行船やパーティー用の風船にも使われているヘリウムは、アメリカ、ロシア、ポーランド、アルジェリア、カタール、オーストラリアの6カ国でしか産出されず、今では世界的なヘリウム不足が問題化している。用途の多くは冷却剤（液体ヘリウム）で、極低温による超電導現象を利用して医療用のMRIやリニアモーターカーなどに使われている。また、化学的に不活性な性質を利用して、半導体や光ファイバー製造、深海に潜る際に酸素と混ぜて呼吸ガスとしても使われている。声を変える「変声ガス」の原料もヘリウムだ。

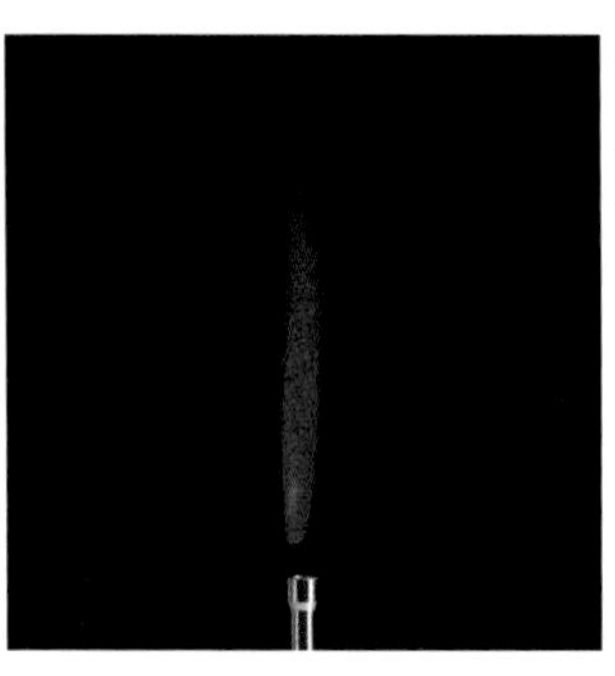

ガスバーナーの火のなかにリチウムを入れると、真っ赤な炎色反応を示す。
©アフロ

Li
リチウム

アルカリ金属（1族の元素）としてはやや硬いリチウムだが、密度が小さいために水にも浮いてしまう。

©アフロ

ベリリウムとアルミニウムを含むケイ酸塩鉱物である緑柱石（ベリル）のうち、クロムイオンを含んだものが美しい緑色をしたエメラルドである。また、二価の鉄イオンを含んだ、鮮やかな水色のベリルはアクアマリンだ。

原子番号
3
Li
Lithium

リチウム

真っ赤に燃えるもっとも軽い金属

原子量	融点	沸点	密度
6.941	180.5℃	1347.0℃	535kg/m³

リチウムは銀白色のやわらかい金属で、金属ではもっとも密度が小さく、水に入れると浮かんでしまう。また、常温で水に入れると水と反応して水素ガスを発生しながら水酸化リチウムになって溶けていく。無色の炎にリチウムや塩化リチウムを入れると、鮮やかな赤の炎色反応（炎に特定の元素を含む化合物を入れると、炎がその元素特有の色を示す反応）を示す。リチウムの産地は南アメリカに集中しているが、なかでもボリビアのウユニ塩湖の地下には世界の埋蔵量の約半分が眠っているとされる。

代表的な用途は、リチウムイオン電池だろう。これはエネルギー密度が高く、高い電圧が得られるため、携帯電話やノートパソコンなどによく使われている。そのいっぽうで、過充電や過放電によって不安定な状態になり、発熱して破裂したり発火したりする危険性もある。最近では、最新鋭中型旅客機ボーイング787型機のリチウムイオン電池から発火する事故が相次いだことが記憶に新しい。また、リチウムイオンには人の気持ちを安定させるはたらきがあり、炭酸リチウムは躁うつ病の治療薬としても使用されている。

原子番号 4

Be

Beryllium

ベリリウム

軽くて硬く熱にも強い！

ベリリウムは銀白色の金属で、天然には緑柱石として産出する。そのきれいな結晶をエメラルド、アクアマリンという。前者は人工的に合成可能だが、手間がかかるのに天然と見分けが容易という欠点がある。密度はアルミニウムの約3分の2と軽く、硬くて、融点が高く熱にも強いのが特徴。X線を非常によく透過するので、X線発生装置の窓材として用いられている。他方で強い毒性があり、肺に入ると炎症を起こし死に至る場合もある。

おもに合金の硬度を増すための硬化剤として使われている。とくに、銅にベリリウムを数％混ぜたベリリウム銅は、強度が銅の約6倍にはね上がるため強力バネの材料になっている。また、ベリリウム銅は非磁性で火花が出ないため、油田や可燃性ガスを扱う産業で防爆工具として使われる。ほかにも精密測定機器、弾丸、宇宙開発や軍事の世界でも使用されているが、毒性が強いため、ほかの金属に転換されつつある。その他、X線望遠鏡などの検出器の窓、原子力発電所の原子炉では、高エネルギーの中性子を減速させてから炉心へ跳ね返す減速材・反射材として利用されている。

原子量	9.012
融　点	1287.0℃
沸　点	2472.0℃
密　度	1848kg/m³

原子番号
5
B
Boron

ホウ素

単体は硬く化合物は耐熱性が抜群

原子量	10.81
融点	2077.0℃
沸点	3870.0℃
密度	2340kg/m³

ホウ素は黒みがかった色で、非常に硬くてもろい元素だ。自然界では単体のホウ素としては存在せず、湖が乾燥した跡地でホウ砂やホウ酸塩として産出することが多い。単体元素としてはダイヤモンドに次いで硬く、硬度は9・3（最大10のモース硬度）もある。

人間への必須性は確定していないが、植物によく含まれ100以上の作物で必須性が確認されている。化合物や合金として多方面で利用され、古くからホウ砂は陶磁器の釉薬として使われてきた。銀ろう付けでは釉剤として利用する。また、ソーダガラスに酸化ホウ素を13％程度混ぜると熱によるガラスの伸び縮みが減る性質を利用し、パイレックス®などの耐熱ガラスとして、ガラス製調理器具や実験器具に広く使われている。ホウ酸はほかに、目の洗浄剤、うがい薬、鼻スプレーなどの医薬品、化粧品の防腐剤等にも使われている。

また、ホウ素の金属化合物は耐熱性が高く、ロケットエンジンのノズルやジェットエンジンのタービンなどの断熱材に使われている。原子炉の核分裂で生成する中性子の吸収剤として利用されることもあり、福島第一原発事故では原子炉にホウ酸水が注入された。

ダイヤモンドに次ぐ硬度（モース硬度9.3）を誇るホウ素は、半面で非常にもろく、黒みがかった色をしている。

B
ホウ素

ケルナイト（米国カルフォルニア産：含水ホウ酸ナトリウム鉱物）の無色透明な板状結晶。

炭素

ダイヤモンドから考古学の世界まで網羅

原子量
12.0107

融点
3550.0℃

沸点
4800.0℃

密度
（ダイヤモンド）3513kg/m³
（黒鉛）2265kg/m³

炭素は、宇宙にもっとも多く存在している元素のひとつで、化学的に安定していて溶媒に溶けにくく、酸やアルカリにも強いのが特徴だ。炭素でできている物質としては、ダイヤモンド、木炭などの無定形炭素、フラーレンなどの同素体（同じ元素だけでつくられているが、原子の配列や結合が異なる物質）がおもに挙げられる。なお、炭素や炭素の微粒子カーボンブラックは、はっきりとした結晶構造を持たないため無定形炭素と呼ばれる。

また黒鉛は、粘土といっしょに焼き固めるなどして鉛筆の芯に利用される。黒鉛は炭素原子が六角形をつくって平面上に並び、この平面が重なった巨大分子だが、平面同士の結合がとても弱く、容易にはがれることから鉛筆の芯に適しているというわけ。

それにしても、真っ黒な木炭などの無定形炭素と透明なダイヤモンドが、どちらも炭素からできているとは不思議だが、実際、両者を燃やしてみると二酸化炭素だけが発生する。光り輝くダイヤモンドも燃やせば二酸化炭素になってしまう。

ちなみに、炭素による「黒」は、石器時代から、壁画などを描くための「黒色」として使われていた（238ページ）。

かつて炭素の同素体は、ダイヤモンド、黒鉛、無定形炭素とされてきたが、1985年、60個の炭素原子がサッカーボールのような球状に結びついた分子が発見された。その後、筒状をしたカーボンナノチューブの存在も明らかになり、これらを総称してフラーレン（バッキーボール）と呼んでいる。

また、炭素は生命にも必要不可欠な物質である。なぜなら、生物の体をつくる有機化合物であるタンパク質や脂質、炭水化物は炭素の化合物なのだ。

炭素の化合物は何千万種類もあって、石油、石炭、天然ガスなどの化石燃料もそのひとつ。炭素繊維（カーボンファイバー）は、プラスチックやセラミックスなどの複合材料として使われ、軽く、耐久性や強度が高いことからテニスラケット、ゴルフ用具、釣竿からロケットや自動車の部品にまで幅広く使用されている。鉄に炭素を加えると、小さな炭素原子は鉄原子の隙間に侵入し、鉄原子を結びつけて硬く強い鋼（はがね）ができる。前出、極小の物質であるカーボンナノチューブは、エレクトロニクスや自動車など、さまざまな分野の材料として期待されている。また炭素は、その放射性同位体であるC14の存在比率から年代を測定する「放射性炭素年代測定」など、考古学の世界でも注目される存在だ。

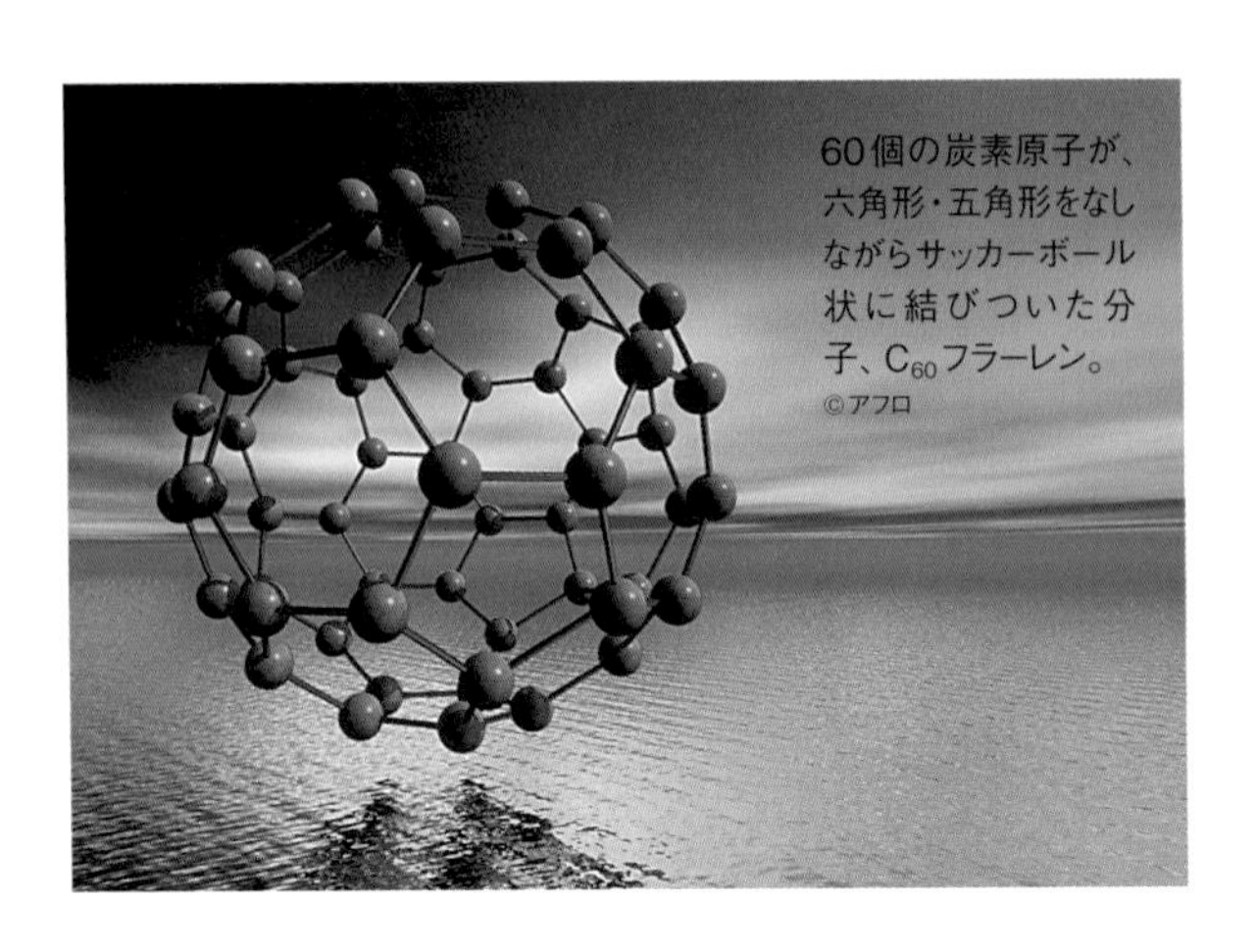

60個の炭素原子が、六角形・五角形をなしながらサッカーボール状に結びついた分子、C_{60}フラーレン。
©アフロ

炭素

木を蒸し焼きにしてできる木炭は炭素によってできているが、灰は、少量含まれるカリウムやカルシウムだ。
©アフロ

光り輝くダイヤモンドは炭素だけでできており、
燃やせば二酸化炭素になってしまう…。

原子番号
7
N
Nitrogen

窒素

冷却剤にして生命に必須な元素

原子量
14.0067
融点
-209.9℃
沸点
-195.8℃
密度
（気体）1.2506kg/m³
（液体）880kg/m³
（固体）1025kg/m³

窒素は常温では無色透明、無味無臭の気体で、地球の空気の約8割を占める。天然にはアンモニウム塩や硝酸塩として存在するが、化学的に安定していてほとんど反応することがない。そして窒素は、アミノ酸やタンパク質、DNAなど生命に必要な物質を構成する元素でもある。動物や植物は、バクテリアがつくり出した窒素を含む硝酸や亜硝酸、アンモニアなどを吸収してタンパク質やDNAなどを合成しているのだ。高温では酸素とさまざまな化合物をつくり、窒素酸化物はまとめてNOx（ノックス）と呼ばれる。自動車の排気ガスから放出されるノックスは、酸性雨や光化学スモッグの原因になっている。

窒素は金属、石油化学、電子などさまざまな工業分野で使われている。20世紀、空気中の窒素からアンモニアを合成することが可能になりアンモニアから化学肥料がつくられるようになると、世界の食料生産は飛躍的に増大した。また、アンモニアから合成される硝酸化合物は、火薬の原料にもなる。窒素は約マイナス196℃で液化するので、液体窒素は冷却剤として食材のフリーズドライや家畜の精子の冷凍保存等にも利用されている。

原子番号
8
O
Oxygen

酸素

生命維持にはもちろん液化しても大活躍

原子量	15.9994
融点	-218.4℃
沸点	-182.6℃
密度	（気体）1.429kg/m³ （固体）2000kg/m³

酸素は、常温では無色透明、無味無臭の気体で、地球の空気の約2割を占めている。無論、生命維持には必要不可欠な元素だ。原始地球の大気にはほとんどなかったが、約30億年前、光合成を行う微生物が現れ、その後は植物が酸素をつくり続けているため、地球には多量に存在している。活性が高く、さまざまな元素と結合して酸化物をつくるのが特徴で、物質が燃えたり金属がさびたりするのは、酸素と結びつくことによる。酸素の同素体であるオゾンは、強力な酸化作用を持つ有害な物質だが、地球の大気の上層（成層圏）にあるオゾン層は、太陽からの有害な紫外線を吸収し、地上の生態系を保護している。

呼吸に不可欠な酸素は、医療分野では吸入ガスとして使われている。鉄鋼やガラス業では効率のいい燃焼ガスとして、石油化学や薬品・化粧品産業では、安価な安定剤として幅広く使用されている。酸素は約マイナス183℃でやや青色の液化酸素になる。液体酸素の体積は気体の酸素の約800分の1のため、酸素の保存や運搬は液体の状態で行われる。液体酸素は製鉄や医療現場だけでなくロケットの酸化剤としても使われている。

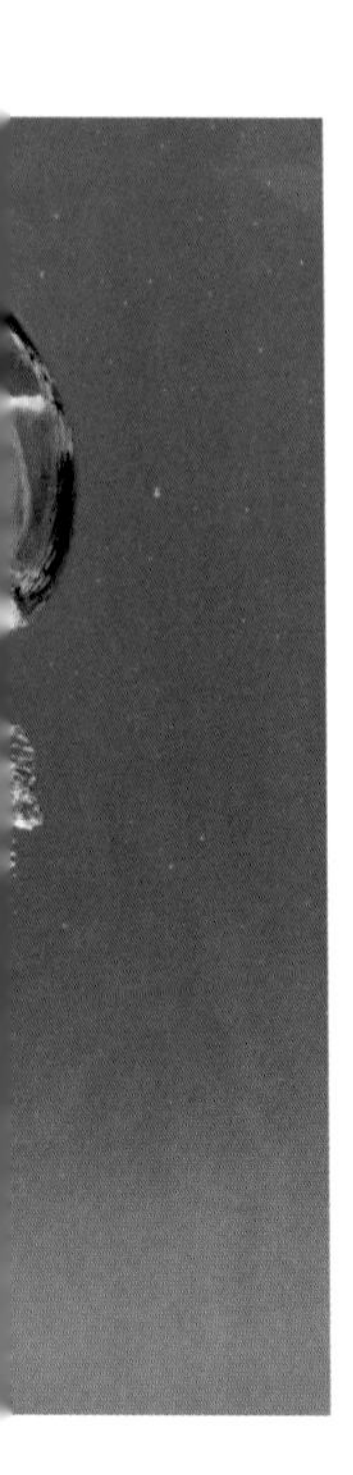

窒素 N

ビーカーから吹き出す液体窒素。
窒素の沸点はマイナス195.8℃、
液化した窒素は冷却剤として幅
広く利用されている。

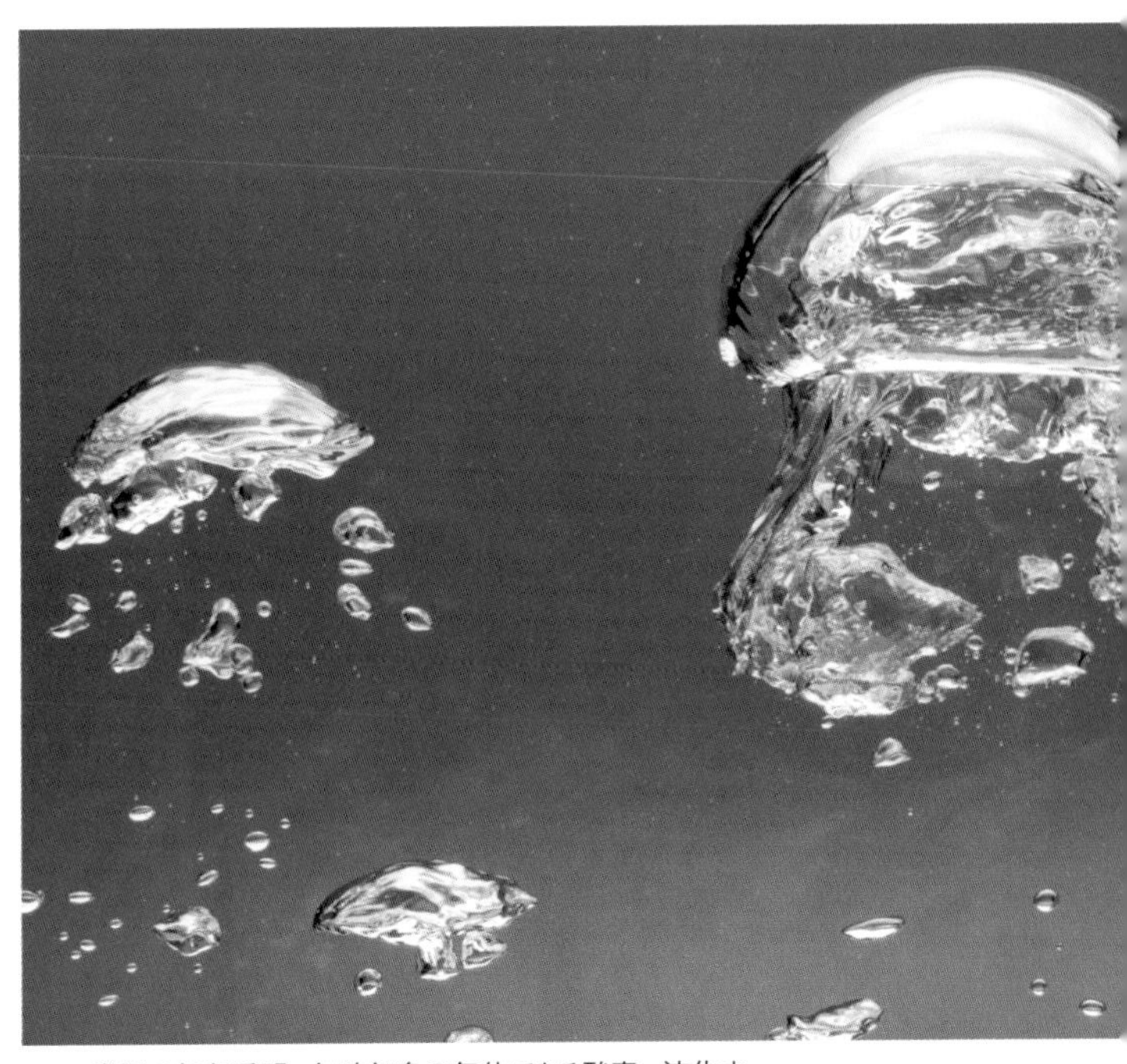

常温で無色透明、無味無臭の気体である酸素。液化すると、やや青色に変化する。二酸化マンガン（MnO_2）に薄い過酸化水素水(H_2O_2）を加えることで酸素を発生させる実験は、理科の授業でおなじみだ。
©アフロ

O 酸素

原子番号
9
F
Fluorine

フッ素

テフロン加工でおなじみのその正体は…

原子量
18.9984032

融　点
-219.62℃

沸　点
-188.14℃

密　度
（気体）
1.696kg/m³
（液体）
1516kg/m³

フッ素は、常温では淡黄褐色の気体で、特有の臭いを持つ。猛毒で反応性が高く、ヘリウムとネオン以外のほとんどの元素を酸化して化合物（フッ化物）をつくる。その際、フッ素と化合した物質が燃え上がってしまうほどの大量のエネルギーを放出する。

天然には、単体ではほとんど存在せず、蛍石（ほたるいし）（主成分はフッ化カルシウム）や氷晶石などとして存在している。フッ素に触れるとガラスや白金でさえボロボロになってしまうため、単体で保存することはほとんどなく、化合物として保存されているのも特徴だ。

蛍石は、古くから製鉄の融剤として使われてきた。フッ素と炭素の化合物であるテフロンは耐熱性、耐薬品性にすぐれ、テフロンをコーティングしたフライパンなどは身近なものになっている。いっぽう、大きな問題になったのが炭素・フッ素・塩素の化合物であるフロンだ。フロンは、燃えない、無毒、気化しやすいなどの性質を持ち、冷蔵庫やエアコンの冷媒、スプレーの溶媒、半導体基板の洗浄剤などに使われた。しかし1970年代にオゾン層破壊が問題になると、フロンは原因物質として製造が禁止されたのである。

原子番号 10

Ne

Neon

ネオン

「ネオンサイン」に集約される用途

原子量	20.1797
融点	-248.67℃
沸点	-246.05℃
密度	（気体）0.8999kg/m³（液体）1207kg/m³（固体）1444kg/m³

ネオンは、常温では無色透明で無味無臭の気体だ。あらゆる元素でもっとも反応性が低く、化合物をつくらないのが特徴。希ガスとしてはヘリウムの次に軽く、ネオンを封入したガラス管に電圧をかけて放電させると、管全体が赤い光を発して輝くようになる。これがネオンサインだ。そして、ネオンサイン以外のネオンの使い道はほとんどない。

ネオンサインが発明されたのは1910年12月、フランスの技術者ジョルジュ・クロードによるものだった。世界で初めてネオンサインによる広告がつくられたのは1912年。フランス・パリのモンマルトル通りにある理髪店の広告だった。日本で最初にネオンサインが輝いたのは1917年、東京・銀座一丁目のカバン店だったといわれている。

1960年代にはアメリカのベル研究所で、真空容器に封入したヘリウムとネオンを利用するヘリウム・ネオンレーザーが開発され、バーコードリーダー、レーザープリンター、レーザー顕微鏡などのさまざまな機器で使われた。これらの装置は、大型で高価だったため、おもに企業で使われていた。

F
フッ素

フッ素の天然資源である蛍石。主成分はフッ化カルシウム（CaF_2）であり、純粋なものは無色。不純物などによってさまざまな色を示し、天然では写真のような紫色をしたものがもっとも多く、次いで緑色が多く産出される。

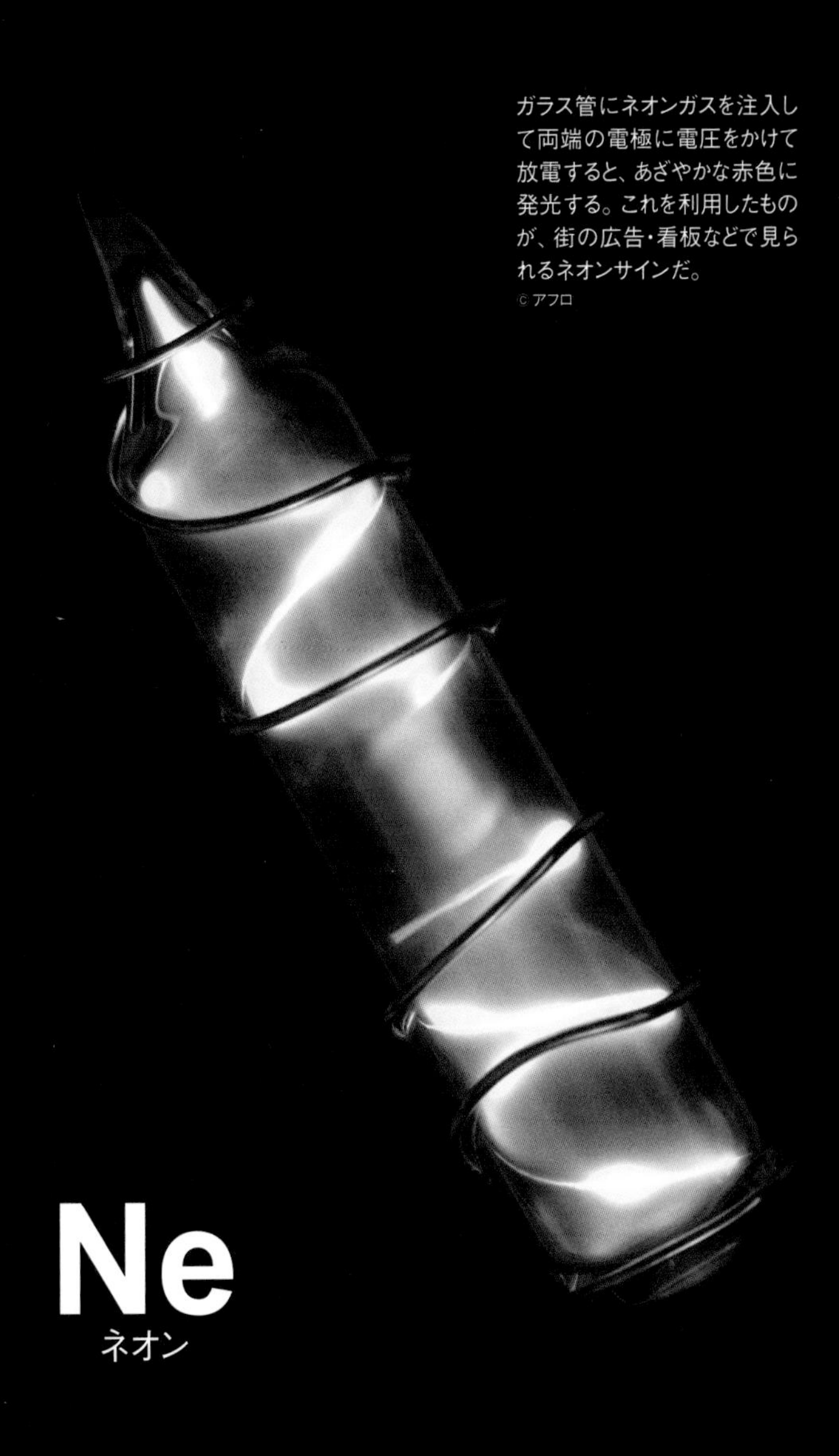

ガラス管にネオンガスを注入して両端の電極に電圧をかけて放電すると、あざやかな赤色に発光する。これを利用したものが、街の広告・看板などで見られるネオンサインだ。

Ne
ネオン

ナトリウム

反応激しい元素もミイラに関係？

原子量
22.989770

融点
97.81℃

沸点
883℃

密度
（液体）
928kg/m³
（固体）
971kg/m³

ナトリウムは、アルカリ金属に属する軟らかな銀色の金属だ。化学反応しやすく、たとえば、水と激しく反応して水素を発生させながら水酸化ナトリウムになる。この反応によって、水に濡れたろ紙にナトリウムの小片を置くと自然発火し、大きな塊を水に入れると爆発を起こすほどだ。ナトリウムの多くは塩化ナトリウム（食塩）として岩塩や海水に含まれている。塩化ナトリウムは人間が生きるのに必要不可欠な物質で、体液や細胞の浸透圧を一定に保ち、神経や筋肉のはたらきを調節するという役割がある。

公園やトンネルなどに使われているオレンジ色のナトリウムランプは、ナトリウムを透光性アルミナセラミックスの発光管に封入して放電することで、ナトリウム蒸気の放電による発光を利用したものだ。また、炭酸ナトリウムの鉱物であるナトロンは、水を吸収するため古代エジプトではミイラの防腐剤（乾燥剤）として使われていた。

ナトリウムはソーダ石灰ガラスの主要原料で、古代のエジプトやローマでは、塩湖でとれたナトロンとケイ砂（石英砂）からガラスをつくっていた（ナトロンガラス）。

原子番号 12

Mg

Magnesium

マグネシウム

人にも植物にも黄金マスクにも!?

原子量	24.3050
融点	648.8℃
沸点	1090℃
密度	1738kg/m³

マグネシウムは銀白色をした密度が低い（軽い）金属で、地殻での存在量はアルミニウム、鉄に次いで多く、塩化マグネシウムとして海水にも含まれている。純粋なマグネシウムは、酸素と激しく反応して閃光を発し白煙を上げながら燃える。

マグネシウムは代表的なミネラルでもあり、わたしたちの体内で筋肉の動きを調整する、神経の興奮を鎮める、骨の形成を助けるなどのはたらきをしている。また、植物の緑色は、クロロフィル（葉緑素）というマグネシウム化合物の色である。

実用金属のなかで最軽量とあって、アルミニウムをベースとした合金（ジュラルミンなど）に添加する用途が約半分を占める。また、軽量化を狙って自動車用のダイカスト（ホイール、ステアリングコラムほか）の需要が伸びているほか、ノート型パソコンの筐体、一眼レフカメラ、携帯電話、花火、豆腐をつくる際のにがり（塩化マグネシウム）等にも利用されている。変わったところでは、古代エジプト・ツタンカーメン王の「黄金のマスク」だろう。白眼の部分の主成分は、マグネサイト（炭酸マグネシウム）なのだ。

エジプトのカイロとアレキサンドリアの中間にある、ワーディ・ナトゥルーンという塩湖。エジプトや東地中海地域の古代ガラスは、多くがソーダ石灰ガラスであり、その原料となるナトロン(左)という鉱物はここで採取された。

ナトリウム Na

軟らかいため、ナイフでも簡単に切れるナトリウム。銀色をしているが、空気中ではすぐに酸化し黄色がかった白色になる。

マグネシウムは銀白色で
密度の低い金属である。
©アフロ

Mg
マグネシウム

古代エジプト第18王朝のファラオであるツタンカーメン（在位：紀元前1333年～同1323年頃）のミイラに被せられていた黄金のマスク。頭巾の青縞は銅を含むコバルトガラス、胸飾りの赤はカーネリアンという石英系の鉱物で着色元素は鉄とヒ素、黒目は黒曜石、白眼はマグネサイト（炭酸マグネシウム）、アイラインはラピスラズリであることを、宇田応之早稲田大学名誉教授らのグループが分析により解明した。

原子番号
13

Al
Aluminum

アルミニウム

腐食や磁気に強く宝石にも！

原子量	26.9815386
融点	660.32℃
沸点	2467℃
密度	2698.3kg/m³

アルミニウムは銀白色の金属で、軽く、延性・展性に富む。地球の地殻表層部に含まれる元素では、酸素、ケイ素に次いで多い。単体では存在せず、アルミノケイ酸塩という化合物として長石やカオリナイトなどの粘土鉱物に含まれていて、焼き物の原料になる。

カオリナイトはアルミニウムの含水ケイ酸塩で、名前は、陶器で有名な中国景徳鎮の近郊、カオリン（高陵）村の陶土を用いていたことに由来する。また、アルミニウムは無毒・無臭で、食品や薬品の包装容器に適する。アルミホイル、1円硬貨など、人々の生活に身近な金属のひとつだ。比重は鉄の約3分の1と軽く、飛行機や自動車にはアルミニウム合金（ジュラルミン）が使用されている。電気をよく通すので、高電圧の送電線にも採用され、熱もよく伝えるため、冷暖房装置や鍋やヤカンなどにも使われている。人に対する必須性はない。過剰症として、脳神経症状や骨軟化症との関連が示唆されている。

なお、無色の酸化アルミニウムの結晶にクロムが入ることで赤くなった宝石がルビーで、チタンや鉄が入ると青色に輝くサファイアとなる。合成ルビーの原料は意外と安いのだ。

原子番号 14

Si

Silicon

ケイ素

半導体の材料にして紫水晶の正体

原子量	28.0855
融点	1410℃
沸点	2355℃
密度	2329.6kg/m³

ケイ素（シリコン）の結晶は、やや暗い銀色の金属光沢を持った非金属元素だ。地球を構成する物質として地殻のなかに大量に存在する。自然界では単体として存在せず、多くは酸素と結びついて、二酸化ケイ素（石英）やケイ酸塩鉱物として存在している。

ケイ素のもっとも重要な用途は半導体材料で、集積回路の多くは、シリコンウエハーの基板上につくられる。また、液晶ディスプレイのTFT（薄膜トランジスタ）や太陽電池パネルにはアモルファスシリコンや多結晶シリコンなどが使われている。

また、ソーダ石灰ガラスの7割が二酸化ケイ素だ。石英は二酸化ケイ素からなる鉱物で、その結晶が水晶。水晶にはさまざまな色があるが、紫水晶、黄水晶は鉄イオン、煙水晶はアルミニウムイオンによるもの。オパールは10％程度水を含む二酸化ケイ素で、非晶質といって結晶構造を持っていない。二酸化ケイ素の微粒子が長い年月のうちに圧縮されて固まったもので、光の干渉で特有の光沢を放つ。動物に対する必須性が明らかにされている。毒性としては、シリカ（石英）粉塵を吸入することで生じる職業性肺疾患、ケイ肺が知られている。

酸化アルミニウムの結晶のうち、不純物に鉄やチタンを含んで青色に輝く宝石サファイア。クロム（イオン）が不純物として入って赤色になったものをルビーという。

アルミニウムとは銀白で軽く、延性や展性に富む金属だ。
©アフロ

Si
ケイ素

ちょっと暗い銀色の金属光沢を持つケイ素。多くの金属で一般的な延性や展性を示さない、非金属元素である。

ケイ素の最重要用途が半導体材料だ。写真は、単結晶シリコンインゴットと単結晶シリコンウエハー。

鉄イオンを含んで紫色をしている石英（二酸化ケイ素）を紫水晶（アメジスト）という。

原子番号
15
P
Phosphorus

リン

マッチや農薬、歯磨き剤など身近に活躍

原子量	30.973761
融点	44.2℃
沸点	280℃
密度	1820kg/m³

リンには白リン（黄リン）、赤リン、黒リンなどの同素体があり、もっとも身近なのはマッチ箱の側薬（そくやく）に含まれる赤リンだ。白リンは常温で白いロウ状の固体で悪臭があり、強い毒性を持っている。発火点は約60℃で、空気中の酸素と反応して燐光（りんこう）を発して自然発火するため、白リンは水中で保管される。

白リン以外の同素体は、ほぼ無毒で安定している。リンは、体を構成するミネラルのひとつで、リン酸カルシウムはアパタイトとして、歯や骨をつくっている。

リン酸は化学肥料の原料、農薬や殺虫剤として使われることが多い。かつてリン酸は、洗剤として幅広く利用されていたが、家庭用の合成洗剤に含まれていたリン酸塩が排水として海に流れ込み、プランクトンの栄養になって赤潮が発生する問題が起こった。そのため現在、日本ではほとんど使われていない。リン酸水素カルシウムは研磨剤として使われ、歯磨き剤などに使われている。また、リン酸は原子炉の核燃料の再処理で、ウランやプルトニウムを抽出する際の溶剤としての用途もある。

原子番号 16

S

Sulfur

硫黄

「温泉」だけでなく「宝石の青」を表現

原子量 32.065

融点 112.8℃(斜方)

沸点 444.674℃

密度 2070kg/m³

硫黄の単体は無臭の黄色結晶で、温泉や火口付近でよく見られる。温泉でいわれる「硫黄の臭い」は、実は硫化水素のそれ。自然には黄鉄鉱のようなさまざまな硫化鉱物として産出する。とても燃えやすい物質で、空気中で熱すると青い炎を上げて燃え、悪臭をともなう有毒な二酸化硫黄（亜硫酸ガス）を発生させる。

宝石のラピスラズリ（無機顔料ウルトラマリンの原料）の群青色は、硫黄による発色だ。ラピスラズリはエジプト文明やメソポタミア文明などで「神聖な石」として重宝された青い石で、世界で数カ所しか産地が存在しない。歴史的な産地としてはアフガニスタンの北東域、パキスタンとの国境に近いバダフシャンが有名だ。原産地のアフガニスタンからメソポタミアまで運ぶ道が「ラピスラズリの道」と呼ばれていた。ツタンカーメンの黄金のマスクにも使われている（63ページ）。貴重なラピスラズリの合成品として、硫黄を含んだケイ酸ナトリウムの化合物、ウルトラマリン（群青）が19世紀初めにフランスで合成される。加賀前田家の奥方御殿成巽閣（おくがたごてんせいそんかく）には、群青で壁や天井の一部が塗られた群青の間がある。

P
リン

非常にめずらしい紫リンは、
リンの同素体ではなく、赤
リンと黒リンの混合物と考
えられている。
©アフロ

無臭で黄色の結晶である硫黄は、火山の噴火口付近や温泉地帯などでしばしば産出される。
©アフロ

S
硫黄

貴重なラピスラズリの合成品として、硫黄を含んだケイ酸ナトリウムの化合物であるウルトラマリン（群青）。加賀前田家の奥方御殿「成巽閣」には、壁や天井の一部がこれで塗られた「群青の間」がある。
©重要文化財 成巽閣

Cl
Chlorine

塩素

「混ぜるな危険」の強い毒性と酸化力

原子量	35.453
融点	-101℃
沸点	-33.97℃
密度	（気体）3.214kg/m³ （液体）1507kg/m³ （固体）2030kg/m³

塩素は、常温では独特の刺激臭を持つ黄緑色の気体である。化学的に活性で、自然界では単体として存在せず、さまざまな元素と化合して塩化物をつくっている。毒性が強く、吸い込むと鼻や喉などの粘膜が侵され、死に至ることもある。実際、塩素ガスは第一次世界大戦において、毒ガスとして使用された。

酸化力が強いため、紙パルプの漂白剤や上下水道やプールなどの消毒剤、医薬や染料の製造などに使われる。家庭用の漂白剤などに「混ぜるな危険」という表示があるように、塩素を含む漂白剤と強酸性物質（一般にトイレ用の洗剤など）を混ぜると有毒な塩素ガスが発生し、死亡事故も起こっているので注意が必要だ。

塩素化合物でもっとも身近なのは塩化ナトリウム（食塩）にちがいない。天然には岩塩として産出し、海水にも含まれているが、工業資源としての塩化ナトリウムは、おもに岩塩から製造されている。塩化ナトリウムは塩素、塩酸、水酸化ナトリウムの原料として利用され、さまざまな化学製品の製造に役立っている。

原子番号 18

Ar

Argon

アルゴン

蛍光灯や断熱ガラスで大活躍

原子量	39.948
融点	-189.3℃
沸点	-185.8℃
密度	（気体）1.784kg/m³ （液体）1393kg/m³ （固体）1650kg/m³

アルゴンは、常温では無色透明で無味無臭の気体だ。18族の希ガスとあって、ほかの元素と反応しにくい性質がある。とはいえ、地球大気中に窒素、酸素に次いで3番目に多く含まれている（0・93％）気体で、二酸化炭素よりも多い。これは地中のカリウム40が放射線を出して崩壊すると、アルゴンが生まれるためだ。

身近なアルゴンといえば蛍光灯だろう。放電を開始しやすくするため、蛍光灯には水銀の蒸気とアルゴンが充てんされている。また、ネオンにアルゴンガスを少量混ぜると、青や緑色に輝くため、ネオンサインとしても使われている。ほかにも水銀灯、電球、真空管などの封入ガス、食品の酸化を防止するためのガスに用いられている。アルゴンガスを高周波加熱するとプラズマ状態となり、1万℃もの高温が実現できる。そこに雨水などの環境試料を入れると原子化して発光し、ICP発光分析としてppb（10億分の1）レベルの極微量元素の分析を可能にする。さらに、空気と比べて熱を伝えにくいため、気密性の高い2枚のガラスの間に封入し省エネや結露（けつろ）の発生を抑える断熱ガラスにも使われる。

常温で黄緑色をした気体である塩素。刺激臭を放ち、毒性も強い。
©アフロ

Cl
塩素

封入されたアルゴンガスに高電圧をかけると、本来は無色の不活性ガスが青白く発光する。

K
Potassium

カリウム

赤紫色の激しい燃焼と宝石の青色

原子量	39.0983
融　点	63.65℃
沸　点	774℃
密　度	862kg/m³

カリウムは青みがかった銀白色をした軟らかい金属だ。カリウムの単体金属は激しい反応性を持っていて、水で湿らせたろ紙の上に置くと発火し、赤紫色の火を吹きながら燃え飛び散る。自然には、花崗岩に含まれるカリ長石として身近にある。

生体必須元素で、われわれ人間の体内、おもに筋肉の細胞に多く含まれている。植物にも多く、植物を燃やしてできた灰はカリウムとマグネシウムが多い。古来よりガラスの原料となり、正倉院の「白瑠璃碗」（78ページ）などペルシアのササンガラスは植物灰を用いていたので、ローマガラスと分析で区別できる（60ページ）。植物の灰を溶かした水は灰汁（pot ash）といい、英語のpotassium（カリウム）に通じる。カリ長石のうち青色の光を放つものがムーンストーン（月長石）と呼ばれる宝石だ。カリウムを多く含む正長石の層と、ナトリウムを多く含む曹長石の層が交互に重なり合っており、ムーンストーンに光が入ると、光は石の層構造によって散乱して表面に青白い光が浮かぶ。宝石としてのムーンストーンの歴史は古く、古代ローマでは「月の光でできた石」と信じられていた。

原子番号 20

Ca

Calcium

カルシウム

「銀白色」の金属は古代から「白」の源

原子量 40.078

融点 839℃

沸点 1484℃

密度 1550kg/m³

カルシウムは、銀白色をしたやや硬い金属で、水に入れると水素を発しながら溶けていく。白色のイメージがあるのは、カルシウムの化合物に「白」が多いためだろう。自然界では大理石、石灰岩、石膏などに含まれている。、動物や植物の代表的なミネラル（必須元素）で、動物の体内には貝殻（炭酸カルシウム）や骨や歯（リン酸カルシウム）の主成分として存在している。なお、石灰石鉱床の多くは、数億年前にサンゴや有孔虫など、炭酸カルシウムの殻を持つ生物の遺骸が堆積したものだ。

エジプトのピラミッドに使われている石灰岩の多くは、カヘイ石といって直径が10㎝もある有孔虫が堆積してできたものだ。また、エジプト新王国で有名なガラス器・コアガラスの白はアンチモン酸カルシウムであり、同時代のエジプトの壁画に見られる白は、カルシウムとマグネシウムの化合物であるハンタイトという鉱物由来だ（238ページ）。

ほかにもカルシウムは、ベビーパウダーやチョーク、歯磨き剤などに使われている。鍾乳洞は、石灰岩が地下水などによって侵食されてできた洞窟だ。

カリウムを多く含んだ植物灰ガラスでつくられていると推定される白瑠璃碗（3～6世紀、ペルシア、正倉院蔵）。

K
カリウム

赤紫色の炎を出しながら燃えるカリウム
©アフロ

「白」のイメージが強いカルシウムだが、意外にも正体は「銀白色」で、しかもアルミニウムと同じくらいの硬さの金属。空気中で放置すれば、酸化して水酸化カルシウムの白い薄膜をまとう。

©アフロ

Ca
カルシウム

アテネ市の中心、アクロポリスの丘に建つパルテノン神殿。古くから女神の神殿があったが、これは紀元前5世紀末の竣工。白亜の大理石と青空の対比に古代ギリシアを感じさせる。大理石（石灰岩）は、炭酸カルシウム（$CaCO_3$）を主成分とした堆積岩である。

原子番号
21
Sc
Scandium

スカンジウム

合金使用は旧ソ連の潜水艦から⁉

原子量	44.955910
融点	1541℃
沸点	2831℃
密度	2989kg/m³

スカンジウムは銀白色の軟らかい金属で、希土類（レアアース）のひとつだ。存在量は金や銀より多いが、スカンジウムを主成分とする鉱石はほとんどなく、多くの場合、地殻のなかに分散した状態で存在している。スカンジウムを含む鉱石の代表的なものはトルトベイト石で、もちろん産出量は少ない。

少ない生産量を受けて値段の張るスカンジウムのおもな用途は、かつては有機化学の触媒くらいなものだった。しかし現在では、さまざまな用途が拡大している。たとえばヨウ化スカンジウムは、演色性がよい、強い光を発する性質があり、水銀灯に使われている。

また、スカンジウムをアルミニウムに添加すると、強度が大幅に向上する。そして、最初にアルミニウム―スカンジウム合金が使われたのは軍事分野だった。弾道ミサイルを搭載した、旧ソ連の潜水艦のノーズ・コーンだった。

今ではアルミニウム―スカンジウム合金は、航空宇宙用部品のほか、自転車、野球のバット、射撃、ラクロスといったスポーツ用品の材料としても使われている。

原子番号 22

Ti

Titanium

チタン

二酸化チタンは白色顔料や光触媒に

チタンはくすんだ銀白色の金属で、自然界に単体では存在せず、酸化チタンのかたちでルチル、アナターゼ（鋭錐石（えいすいせき））という鉱物として産出する。

鉄よりも軽く、強く、酸に侵されにくく、熱に強く、さびにくいといったすぐれた特性を持つ金属であるチタンは、航空機や潜水艦、身近なところでは自転車、ゴルフクラブ、メガネのフレーム、時計、装身具などに幅広く使われている。医療分野でも、歯科インプラント、心臓弁、人工関節などに用いられている。

酸化チタンはチタニウムホワイトと呼ばれる白色顔料で、油絵の具に用いられる。これは着色力や隠蔽力が強い。また、二酸化チタンは紫外線を吸収するので、日焼け止めに利用されている。さらに、光を照射すると水を水素と酸素に分解する光触媒で、殺菌作用や有機物の分解作用もあり、塗料に混ぜて、建造物の壁の浄化に使われている。

なお2005年には、NASA（アメリカ航空宇宙局）が、ハッブル宇宙望遠鏡の観測によって、月面にチタン鉄鉱が豊富に存在することを確認している。

原子量	47.867
融点	1660℃
沸点	3287℃
密度	4540kg/m³

Sc
スカンジウム

銀白色の軟らかい金属であるスカンジウム。アルミニウムとの合金は、かつて軍事分野で使われたほど飛躍的に強度を増す。

Ti チタン

ややくすんだ銀白色をしたチタン。鉄よりも軽く、強く、酸に侵されにくく、熱に強く、さびにくい、という特性がある。

原子番号
23
V
Vanadium

バナジウム

緑や青など宝石をより美しく！

原子量
50.9415

融点
1887℃

沸点
3377℃

密度
6110kg/m³

バナジウムは、やや暗い銀色の金属で軟らかく展延性に富む。精製されたバナジウムの多くが、強度を増すため鉄に添加されバナジウム鋼として使われている。バナジウムを含む鉱石は、褐鉛鉱（かつえんこう）やカルノー石で、前者は赤い色をした六角柱状の結晶となることが多く、後者は小さな黄色い粒状の鉱物（219ページ）で、バナジウムとウランを含んでいる。

ガーネットの仲間のツァボライトは、バナジウムによってあざやかな緑色を呈し、その美しさはエメラルドにも匹敵するといわれる。ほかにもタンザナイトの紫色は微量に含まれるバナジウムによるものだし、サファイアはコランダム（鋼玉（こうぎょく））と呼ばれる酸化アルミニウムの鉱物で、バナジウムを含むと紫色になり、バイオレットサファイアという。また、ジルコニアにバナジウムを添加したバナジウムジルコニウム黄は黄色顔料、ジルコンにバナジウムが固溶した青い顔料をバナジウムジルコニウム青（トルコ青、ターコイズブルー）といい釉薬の着色に使われる。ある種の動物には必須元素で、バナジウムを高濃度に濃縮（1％以上）する海洋生物として、ホヤやエラコが知られている。

原子番号
24
Cr
Chromium

クロム

ゴッホも好んだクロムイエロー

原子量	51.9961
融点	1860℃
沸点	2671℃
密度	7190kg/m³

クロムは、銀白色の硬い金属だ。表面はすぐに酸化被膜に覆われるので、錆びにくく、よくクロムメッキとして鉄のメッキに用いられる。合金の材料としても使われ、ステンレスや電熱線などに使われるニクロム線などがそれだ。

また、クロムはさまざまな宝石の色に関与している。たとえば、エメラルドの緑色は不純物として含まれているクロムによるものだし、コランダムのうちクロムが1％混入すると赤色のルビーに、クロムがより微量だと薄い赤色のピンクサファイアになる。

クロム化合物は多彩な色をしたものが多く、いろいろな顔料がつくられた。クロム酸鉛のクロコアイト（紅鉛鉱）は、油絵具などに使われた赤い鉱物で、産地（ロシアのウラル山脈）から「シベリアの赤い鉛」と呼ばれ珍重された。1797年に発見されたクロム酸鉛を主成分とする黄色の顔料はクロムイエローと呼ばれ、名画家ゴッホら19世紀の印象派の画家たちが好んで使った。なお、クロムは人の必須元素だが、六価クロムは、皮膚や粘膜に付着すると皮膚炎や腫瘍の原因となり、クロム公害としても有名である。

Cr
クロム

V
バナジウム

筆者らが発見した、バナジウムを高濃度に蓄積する、世界第二の海洋生物のエラコ。

やや暗めの銀色をしたバナジウム。軟らかく、多くが強度を増すための合金として用いられる。

フィンセント・ファン・ゴッホ
《アルルの跳ね橋》
1888年、オランダ、
クレラー・ミュラー美術館
モデルは、フランス・アルルの中心から約3キロほど南西にある運河に架かっていたものとされる。ゴッホが好んで使った黄色は、クロム酸鉛を主成分とするクロムイエローという顔料による。またゴッホは、この跳ね橋の作品を複数描いている。

銀白色の硬い金属であるクロム。クロムメッキやステンレスの材料に使われるほか、エメラルドやルビーなどさまざまな宝石の色に関係している。

マンガン

先史時代の壁画では黒の顔料に！

マンガンは銀白色の硬くて非常にもろい金属だ。鋼に添加すると強度が高まり、加工性も向上する。マンガン乾電池やアルカリ乾電池には、酸化マンガンが使われている。また、人の必須微量元素で、酵素に含まれ、血糖降下作用がある。

ラスコー洞窟やアルタミア洞窟の壁画には、二酸化マンガンを含む黒色顔料が使われている。また、現存する世界最古の洞窟壁画、フランスの「ショーヴェ洞窟壁画」（約3万2千年前）にも赤色と黄色の黄土、赤鉄鉱、炭などとともに二酸化マンガンが使用されている。そこには、ライオンやヒョウなど、現在のヨーロッパでは絶滅した動物を含む約300点の絵が描かれている。

同じくフランスのペッシュメルル洞窟にある人間の手の壁画（2万年以上前）は、炭（炭素）や二酸化マンガンを口に含んで噛みくだき唾液（だえき）と混ぜたものを、壁面に押しつけた自分の手に向かって吹きかけて描いたとされる。現代、マンガンピンクと呼ばれる顔料は、酸化アルミニウムにマンガンが固溶（こよう）したものを原料としている。

原子量	54.938049
融点	1244℃
沸点	1962℃
密度	7440kg/m³

原子番号
26
Fe
Iron

鉄
陶磁器などの顔料としても実力満点

原子量 55.845
融点 1535℃
沸点 2750℃
密度 7874kg/m³

純粋な鉄は白い金属光沢を持つ。地球には豊富に存在し、地球の核はほとんどニッケルと鉄の合金とされる。現存する最古の鉄製品は、トルコのアラジャホユック遺跡から出土した鉄剣（紀元前2300年頃）で、まだ鉄の精錬技術がなく、著者らによる分析の結果、ニッケルを含む隕鉄（隕石の鉄）でつくられたと考えられる（91ページ）。鉄は人の必須元素で、ヘモグロビンとして存在し、造血（ぞうけつ）に関係のある臓器に多い。

酸化鉄の赤色顔料は石器時代から壁画（238ページ）などに使われ、日本では江戸時代、インドのベンガル地方のものを輸入したことからベンガラといった。青磁（せいじ）の青色は、釉薬（ゆうやく）や粘土に含まれる酸化第二鉄が、高温の還元焼成によって酸化第一鉄に変化することで発色する薄青緑色である。さらに、酒井田柿右衛門（さかいだかきえもん）の赤絵、瀬戸黒（せとぐろ）の黒なども鉄に起因している。絵画の合成顔料としては、1704年に開発されたプルシアン・ブルー（紺青：フェロシアン化鉄）が有名で、19世紀後半に日本にも輸入され、葛飾北斎の傑作《神奈川沖浪裏》の青色に使われた。なお、宝石のカーネリアンの赤色も微量な鉄による。

銀白色をしたマンガンは、硬いがもろい性質を持っている。やや赤みを帯びて変色しているところは酸化による。
©アフロ

時は石器時代、マンガンと鉄などによって彩色されたラスコー洞窟の壁画。

Mn
マンガン

Fe

鉄

インドのデリー市郊外、世界遺産クトゥブ・ミナール内に建つ「デリーの鉄柱」。アショーカ王（在位は紀元前268年頃～同232年頃）の柱のひとつで、チャンドラヴァルマンの柱ともいわれる。99.72%という高純度鉄製で、表面にはサンスクリット語の碑文が刻まれている。その理由は定かではないが、「さびない鉄柱」として知られている。

©I.Nakai

アラジャホユックの鉄剣

世界最古の鉄製品である鉄剣。トルコのアラジャホユック遺跡から出土したもので、紀元前2300年頃（青銅器時代）につくられたと考えられている。黄金製の柄と組み合わされているが、当時、鉄は非常に貴重で金よりも高価だったという。アナトリア文明博物館所蔵。

©I.Nakai

われわれの生活でもおなじみ、銀白色の金属である鉄。地球全体ではもっとも多く存在する元素だ。

原子番号 27

Co

Cobalt

コバルト

古代から使われていたコバルトブルー

原子量	58.933200
融点	1495℃
沸点	2870℃
密度	8900kg/m³

コバルトは銀白色の金属で、鉄より酸化されにくく、酸や塩基にも強い性質がある。サマリウムコバルトは、きわめて強力な磁石で、スピーカーやモーターなどに使われている。また、人の必須元素でもあり、ビタミンB12に含まれる。

コバルトを含む宝石に、コバルトスピネルがある。スピネルは尖晶石とも呼ばれる鉱物の一種で、コバルトスピネルは、通常の鉄を含むブルースピネルとは異なった独特の澄んだ青色をしている。

また、コバルトを含むコバルトブルーという物質は、エジプトの新王国時代（紀元前16世紀～）に開発された合成着色剤で、紺色に着色されたガラスは貴石（きせき）のラピスラズリの代わりとして、ツタンカーメンの黄金のマスクにも使われていた（63ページ）。現代のコバルト青（ブルー）と基本的には同系統の物質で、基本組成はアルミン酸コバルト（$CoAl_2O_4$）である。陶磁器の青色（染め付け）に用いられる顔料も、呉須土（ごすど）というコバルトとマンガンや鉄の酸化物の混合物である。

原子番号
28
Ni
Nickel

ニッケル

メッキや合金として幅広く活用

原子量
58.6934

融点
1453℃

沸点
2732℃

密度
（液体）
7780kg/m³
（固体）
8908kg/m³

ニッケルは、銀白色の光沢がある金属だ。表面に強い酸化膜をつくり、それ以上は酸素と反応しないため安定な元素である。地球には多量に存在し、地球の核は鉄とニッケルの合金と考えられている。

ニッケル化合物は、特定の条件のもとで毒性を持つことがあり、アレルギーを起こしやすい金属としても知られている。微生物にはニッケルを必須とするものがあり、胃潰瘍患者の胃粘膜に存在するピロリ菌は、ニッケル含有酵素ウレアーゼを有している。

ニッケルが単独の金属として使われることは少なく、さびにくいという特性を生かして、メッキやほかの金属との合金として用いられることが多い。その代表的なものが鉄、クロム、ニッケルの合金であるステンレス鋼や、銅75％とニッケル25％の合金である白銅が百円硬貨のほか、幅広く使われている。

黄色顔料のひとつであるニッケルチタンイエローは、酸化チタン、酸化ニッケル、酸化アンチモンからつくられた顔料で、塗料や絵の具に用いられる。

銀白色をしたコバルト鉱石。磁石に強く付着する性質（強磁性）から磁気ヘッドなどの磁石に用いられ、化合物は多彩な色を示す。

把手付壺（エジプト、紀元前1380-1350年）。粘土に溶けたガラスを巻いてつくったコアガラス。筆者らの分析により、植物灰ガラス製で青色はエジプト産のコバルト、黄色はアンチモン酸鉛による黄濁、緑色は銅によることが明らかになった。岡山市立オリエント美術館所蔵。

Ni
ニッケル

銀白色の光沢を持つニッケルは、酸化耐性や化学的安定性に秀でており、メッキやさまざまな金属との合金に用いられている。

原子番号
29
Cu
Copper

銅

多くの金属との合金、顔料として長い歴史

原子量	63.546
融点	1083.4℃
沸点	2567℃
密度	(液体) 7940kg/m³ (固体) 8920kg/m³

銅は軟らかく赤味を帯びた金属だ。銀に次いで電気をよく通し、熱もよく伝える。金銀と並んで貨幣金属と呼ばれ、日本の硬貨は1円玉以外すべて銅の合金でできている。また、人の必須元素であり、欠乏すると貧血を起こす。タコやイカに多く含まれる。

人類が最初につくった合金は銅とスズの合金、青銅だった。日本では青銅製の銅剣・銅鏡や銅鐸(どうたく)などが広く用いられた。古代エジプトでは、青色は天空、水、ナイル川を象徴する生命の色とされ、銅の青が好んで使われた。とくに、顔料のエジプシャンブルーは、カルシウム銅ケイ酸塩で、紀元前2500年頃から使われた人類最古の合成顔料である。ほかにも、アズライト（藍銅鉱）は岩群青(いわぐんじょう)ともいい、古来より岩絵の具として使われた。エメラルドグリーン（アセト亜ヒ酸銅）は1814年から市販された緑色無機顔料で、新印象派のスーラが《アニエールの水浴》などに用いているが、毒性が強い。孔雀石（マラカイト）の緑色は炭酸水酸化銅で、粉末は岩緑青(いわろくしょう)と呼ばれる顔料（岩絵具）。銅のサビ、緑青の主成分と同じものだ。銅赤ガラスの薩摩切子の赤色は、銅のナノ粒子の発色である。

原子番号 30

Zn

Zinc

亜鉛

トタンに乾電池、顔料で必須ミネラル？

原子量 65.409

融点 419.53℃

沸点 907℃

密度 7134kg/m³

亜鉛は、青味を帯びた銀白色の金属だが、空気中ではさびやすく、表面は灰白色の膜で覆われている。鉄の表面を亜鉛でメッキしたものがトタンで、建築資材としてよく使われる。銅と亜鉛の合金が黄銅（真鍮）で、その歴史は古く紀元前から用いられてきた。黄銅は金に似た美しい黄色の光沢を持つことから、金の代用品としても使われている。

亜鉛は動植物にとって必須元素で、300種以上の酵素の構成成分である。人間の体内では免疫や傷の治癒、味覚の感知などさまざまなことにかかわっている。亜鉛が不足すると、発育不全や味覚障害を生じる。食品としては、牡蠣や豚レバー、ゴマなどに多く含まれる。

酸化亜鉛は、白色顔料（亜鉛白、ジンクホワイト）として19世紀中頃から絵具に使われている。明治時代以前、おしろいには鉛白が使われ、鉛中毒によって多くの女性や舞台俳優らに病気や死を招いた。そのため1934年に製造が禁止され、今では、安全な酸化亜鉛がおしろいの顔料として用いられている。

© サントリー美術館

薩摩切子（さつまきりこ）

江戸時代、薩摩藩では藩主島津斉彬のもと、1850年頃よりガラス製造が飛躍的に発展し色ガラスの開発に成功。無色のカリ鉛ガラスに赤ガラスを被せて、大胆にカットしたのが、世にいう薩摩切子だ。日本の近代ガラス工芸の最高峰で、銅の金属ナノ粒子による光の散乱で赤く見えることが、筆者らの研究でわかった。サントリー美術館所蔵。

Cu
銅

軟らかく赤味を帯びた金属である銅は、電気をよく通し熱もよく伝える性質を持つ。コストの安さもあって、電気器具の配線や部品、ケーブルの材料など幅広い分野で使用されている。

© アフロ

材質は人類最古の合成顔料といわれるエジプシャンブルー（$CaCuSi_4O_{10}$）でつくられている、ベス神形容器（エジプト、紀元前7～6世紀）。MIHO MUSEUM所蔵。

©MIHO MUSEUM

Zn
亜鉛

亜鉛は、写真のようにやや青味がかった銀白色の金属だが、空気中ではさびやすく表面は灰白色の膜で被われてしまう。
©アフロ

Ga
Gallium

ガリウム

青色発光ダイオードに欠かせない金属

原子量	69.723
融　点	29.78℃
沸　点	2403℃
密　度	（液体）6113.6kg/m³ （固体）5904kg/m³

ガリウムは、光沢のある銀白色をした軟らかい金属で、自然界に単体としては存在しない。また、ガリウムを主成分とするガライトという鉱物はあるものの、鉱石としての利用はない。亜鉛鉱石の不純物としてや、ボーキサイトからアルミニウムを精製する際の副産物として得られている。融点が29・8℃と水銀に次いで低く、夏の暑い日などには自然と液体になる。また水と同様に、固体のほうが液体のときよりも体積が大きい。よって、金属のガリウムはガラス容器で保管すると破損の危険があるため、一般にポリ容器で保管される。

用途を見ると、ガリウムは、シリコンを使ったものより発熱の少ない半導体として、コンピュータや携帯電話などに幅広く使われている。よく知られているのは、発光ダイオード（ＬＥＤ）の材料としての用途だ。窒化ガリウムは、中村修二博士が発明、製品化した青色発光ダイオードのほか、ヒ化ガリウムは赤色・赤外光の発光ダイオード、半導体レーザーなどに使われている。

原子番号
32
Ge
Germanium

ゲルマニウム

かつて半導体材料の主役は今…

原子量
72.64

融点
937.4℃

沸点
2830℃

密度
5323kg/m³

ゲルマニウムは銀白色の半金属で、地殻中の存在量が非常に少ないレアメタルだ。1885年、ドイツの化学者クレメンス・ヴィンクラーが、硫ゲルマン銀鉱という銀鉱石からゲルマニウムを抽出することに成功し、故国ドイツの古名ゲルマニアにちなんで、ゲルマニウムと名付けた。

ゲルマニウムは地殻に広く分布していて、鉱石や鉱山が存在しない。そのため硫化物鉱石から亜鉛や銅を精製する際の副産物として得られている。

光や温度で電気特性が大きく変化する半導体物質で、初期のトランジスタの材料としてラジオなどに使われていた。安定性に優れるケイ素（シリコン）にその座を奪われたが、今でも一部のダイオードや放射線検出器などに使われている。現在、さまざまなゲルマニウムを使った健康器具類が販売され、有機ゲルマニウムを溶かしたお湯に手足を浸すゲルマニウム温浴が温熱療法として行われているが、ゲルマニウムの人体への健康効果は科学的に確認されていない。

銀白色をした軟らかい金属であるガリウムは、融点が29.8℃と低く、高い気温や体温で簡単に融解する。

ガリウム Ga

日本人研究者が開発した窒化ガリウムは、青色発光ダイオードとしてクリスマスの季節を、美しいイルミネーションで飾っている。

銀白色で軟らかいゲルマニウムは、光や温度で電気特性が大きく変化する「半導体物質」だ。
©アフロ

原子番号 33

As

Arsenic

ヒ素

無味無臭で無色な「毒薬」の代名詞

原子量	融点	沸点	密度
74.92160	817.0℃（昇華）	603.0℃（36気圧時）	5780kg/m³

半金属であるヒ素には、もっとも安定で金属光沢がある灰色ヒ素、ニンニク臭があり透明でロウ状の軟らかい黄色ヒ素、黒色で無定形の黒色ヒ素、という3つの同素体がある。

単体ヒ素、およびほとんどのヒ素化合物は生物にとって有害だ。無味無臭、無色な毒であるため、歴史上しばしば暗殺の道具として使われてきた。ヒ素を摂取することにより、吐き気、嘔吐、下痢、激しい腹痛が生じ、亜ヒ酸のおよその致死量は100～300ミリグラム。1955年に起こった「森永ヒ素ミルク中毒事件」では、粉ミルクにヒ素が混入したことによって多くの死者が出た。ただし、結論には達していないが、人の必須微量元素の可能性も高いとされる。

ヒ化ガリウム（GaAs）は、発光ダイオードや通信用の高速トランジスタの半導体として使われている。また、ヒ素の硫化鉱物である鶏冠石（けいかんせき）（As_4S_4）は、古代エジプトから赤色顔料として使われていた。石黄（せきおう）（As_2S_3）もヒ素の硫化鉱物で、純度が高いものは黄金色に近い黄色をしており、古代エジプトから中世頃まで黄色顔料に使われていた（238ページ）。

原子番号
34
Se
Selenium

セレン

コピー機に生かされる光伝導性

原子量	融点	沸点	密度
78.96	220.2℃	684.9℃	4790kg/m³

セレンは自然界に広く存在しているが、セレンを主成分とする鉱物はあまり産出されない。セレン銅銀鉱（CuAgSe）やセレン銀鉱（Ag_2Se）が知られているものの、希な鉱物である。また、もっとも安定で灰色の金属セレン、赤色の結晶セレンなど同素体がある。セレンには光を当てると電気が伝わりやすくなる光伝導性があり、この性質を利用してコピー機の感光ドラムなどに使われている。

人の必須微量元素であるいっぽうで毒性も強い。抗酸化酵素の成分でもあり、セレンの欠乏により、心筋症の一種の克山（けしゃん）（Keshan）病が起こるが、過剰に摂取すると神経症状、胃腸障害、爪の変色、脱毛などを起こしてしまう。セレンは魚介類、動物の内臓、卵などの動物性食品に多く含まれている。

他方でセレンは、ガラス、セラミックスの赤やオレンジ色の顔料としても使われ、金属セレンでピンク、セレン化カドミウムで赤色、二酸化セレンをガラスに添加すると赤色、大量にい入れるとルビーのような深い赤色になる。

石黄（As_2S_3: 黄色）と鶏冠石（As_4S_4: 赤色、米国ネバダ州産）は、古代エジプトの時代から、それぞれ黄色顔料、赤色顔料として使われていた。

As
ヒ素

アメンホテップ3世王墓の壁画（238ページ）で、石黄が顔の部分の着色剤として塗られていることが、筆者らの分析でわかった。

お手数ですが
切手を
お貼りください

郵便はがき

1 5 0 - 8 4 8 2

東京都渋谷区恵比寿4-4-9
えびす大黒ビル
ワニブックス 書籍編集部

お買い求めいただいた本のタイトル

本書をお買い上げいただきまして、誠にありがとうございます。
本アンケートにお答えいただけたら幸いです。
ご返信いただいた方の中から、
抽選で毎月5名様に図書カード(1000円分)をプレゼントします。

ご住所 〒

TEL(　　　-　　　-　　　)

(ふりがな)
お名前

ご職業

年齢　　　歳

性別　男・女

いただいたご感想を、新聞広告などに匿名で
使用してもよろしいですか？　(はい・いいえ)

※ご記入いただいた「個人情報」は、許可なく他の目的で使用することはありません。
※いただいたご感想は、一部内容を改変させていただく可能性があります。

●この本をどこでお知りになりましたか?(複数回答可)

1. 書店で実物を見て　　2. 知人にすすめられて
3. テレビで観た(番組名：　　)
4. ラジオで聴いた(番組名：　　)
5. 新聞・雑誌の書評や記事(紙・誌名：　　)
6. インターネットで(具体的に：　　)
7. 新聞広告(　　新聞)　　8. その他(　　)

●購入された動機は何ですか?(複数回答可)

1. タイトルにひかれた　　2. テーマに興味をもった
3. 装丁・デザインにひかれた　　4. 広告や書評にひかれた
5. その他(　　)

●この本で特に良かったページはありますか?

[　　]

●最近気になる人や話題はありますか?

[　　]

●この本についてのご意見・ご感想をお書きください。

[　　]

以上となります。ご協力ありがとうございました。

Se
セレン

セレンにはいくつかの同素体があるが、化学的にもっとも安定しているのが灰色の金属セレンだ。
©アフロ

原子番号
35
Br
Bromine

臭素

猛毒だが化合物は多分野で活躍

原子量	79.90
融点	-7.2℃
沸点	58.8℃
密度	（気体）7.59kg/m³ （液体）3122.6kg/m³

臭素は常温、常圧で赤褐色の液体で、刺激臭があり猛毒だ。常温で液体の元素は、臭素と水銀だけである。

臭素の単体は自然界に存在せず、海中、塩湖、内海や塩水井戸などの水のなかに臭化物（臭素の化合物）として存在している。多くの国では、海水中に溶けている微量の臭化物から臭素を生産している。

臭素はさまざまな分野に利用されており、臭化ナトリウム、臭化銀は印画紙などの感光剤、臭化メチルは殺菌・殺虫剤、水銀臭化物は紫外線ランプなどに使われている。それ以外にも、香料、染料、パーマネント液、鎮痛剤、鎮静剤、抗ヒスタミン剤などの医薬品にも、臭素が原料として使われている。

地中海産の貝から抽出される貝紫（ナリアンパープル）という色素は、臭素を含む化合物で、紀元前二千年紀のフェニキアで生産され、その港ティルスにちなんだ名前。ローマ時代には非常に高価な紫色の染料として、シーザーやクレオパトラも愛用していた。

原子番号 36

Kr

Krypton

クリプトン

これのおかげで電球が長持ち

原子量
83.80

融点
-156.6℃

沸点
-153.4℃

密度
（気体）
3.749kg/m³
（液体）
2410kg/m³
（固体）
2823kg/m³

クリプトンは、常温で無色無臭の気体だ。大気中にはごくわずかに存在しており、大気から精製分離されている。

熱を伝えにくいので、白熱電球に封入され、フィラメントを長持ちさせるために使われている。このクリプトンが封入された白熱電球は、クリプトンランプという。ほかには、カメラのフラッシュなどにも利用されている。

１９６０〜１９８３年の間、長さの単位（メートル）の基準として、クリプトンのオレンジ色の光が使われていた。またクリプトンは重い気体なので、吸引するとヘリウムガスとは逆に声が低くなる。

クリプトンの同位体であるクリプトン85は、ウラン２３５の核分裂によって生成される放射性物質だ。クリプトンは気体で、ほとんど自然界に存在せず、化学反応性もきわめて低く、半減期（半分に減る時間）が約11年であるため、核実験が行われたり原子力発電所の事故が起こったりしたことを知る指標になっている。

Br
臭素

常圧で赤褐色の液体である臭素。刺激臭があり猛毒だが、化合物は医薬品にも使われるなど用途は幅広い。

©アフロ

Kr
クリプトン

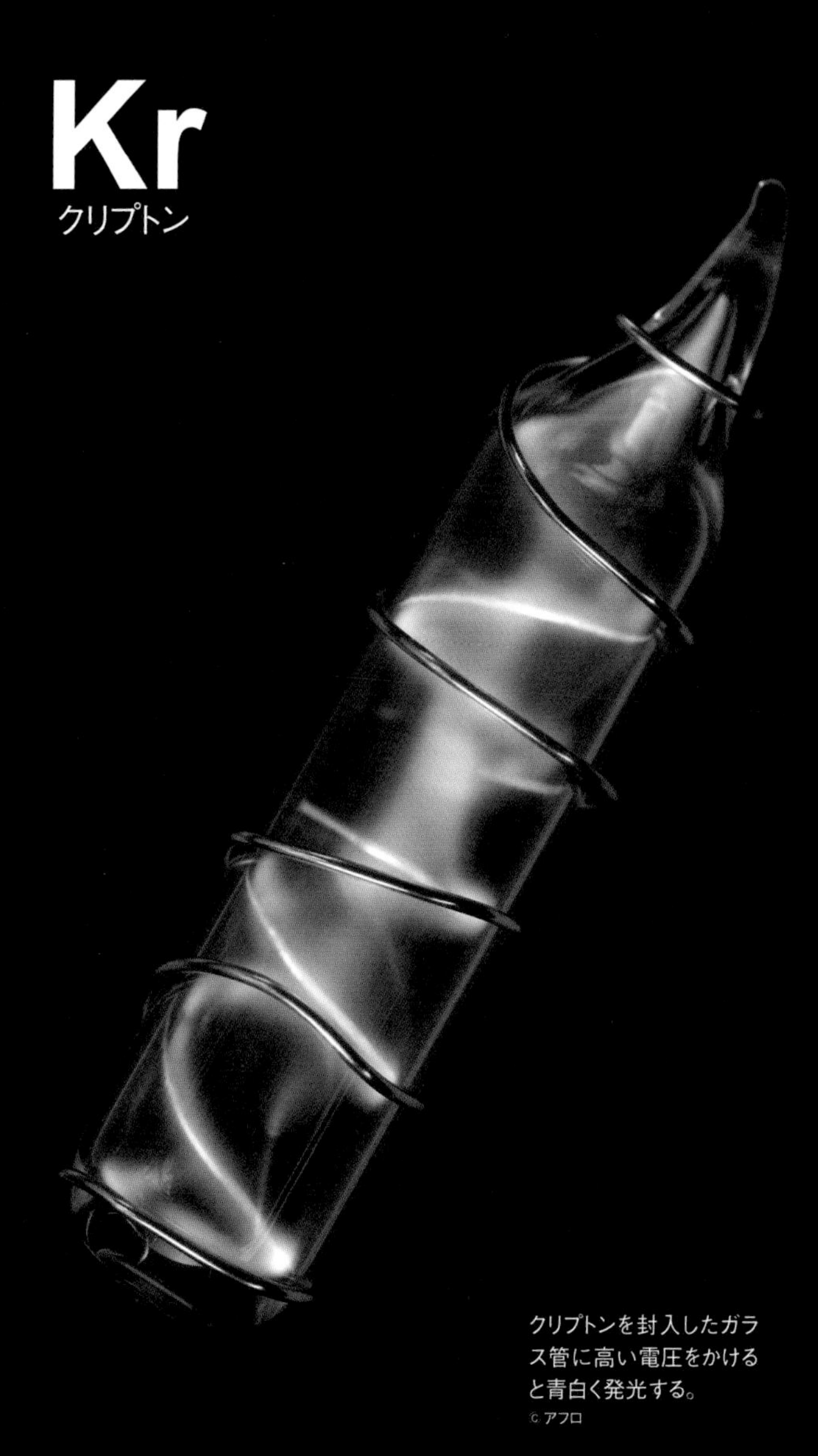

クリプトンを封入したガラス管に高い電圧をかけると青白く発光する。
©アフロ

原子番号 37

Rb

Rubidium

ルビジウム

太陽系誕生が45億年前と知る

原子量	85.47
融点	38.9℃
沸点	688.0℃
密度	（液体）1475kg/m³（固体）1532kg/m³

ルビジウムは、軟らかい銀白色の金属である。融点は約39℃と低い。空気中では反応性が高く、急速に酸化して自然発火する。そのため、日本では消防法により自然発火性物質として、危険物指定されている。

ルビジウム単体の鉱物は、ほとんど存在せず、カリウムを含んでいる鉱物に、カリウムの一部と入れ代わったかたちで含まれている。水銀に溶け、アマルガムという合金をつくる。また、ルビジウムの同位体ルビジウム87は放射性元素で、半減期がおよそ490億年でストロンチウム87に変わる。この現象を利用したのが年代測定に使われる「ルビジウム・ストロンチウム年代測定法」で、隕石中のルビジウムとストロンチウムを分析して、太陽系の年齢が45億年と決められたのもこの方法による。

周波数発振装置にルビジウムを使ったルビジウム原子時計は、約1億年に1秒のずれまで、誤差を小さくすることができるといわれている。また、ルビジウム化合物は、花火に紫の色をつけるために使われることがある。

原子番号 38

Sr

Strontium

ストロンチウム

惑星探査機の原子力電池に

原子量	87.62
融点	777℃
沸点	1410℃
密度	2540kg/m³

ストロンチウムは、軟らかい銀白色の金属で化学反応性が高い。空気中では酸化して表面が黄色味を帯びてくすむ。自然界では、天青石(てんせいせき)やストロンチアン石などの鉱物に主成分として含まれる。ストロンチウムやストロンチアン石という名前は、1787年、最初に発見された場所であるスコットランドのストロンチアンという町にちなんでつけられた。

ストロンチウムは、放射線の遮へい材としてテレビのブラウン管に使われてきた。炎色反応が赤のため、花火や発煙筒の赤い色には、塩化ストロンチウムなどが使われている。

同位体のストロンチウム90は、ウランの核分裂生成物など人工的につくられる代表的な放射性同位体だ。半減期は28・8年で、その間寿命の長いエネルギー源が得られることから、惑星探査機などの原子力電池に使われている。ただし、ストロンチウム90は、体内に入ると骨の中のカルシウムと置き換わって体内に蓄積し、長期間にわたって放射線を出し続けるため大変危険だ。いっぽう、同位体のストロンチウム89の半減期は50・5日と短いので、骨腫瘍(こつしゅよう)の放射線治療などの医療に使われている。

Rb ルビジウム

ルビジウムは、銀白色をした融点が約39℃と低い金属だ。空気中ではきわめて反応性が高く、ガラスが割れればたちまちに発火する。

Sr
ストロンチウム

軟らかい銀白色の金属であるストロンチウム。くすんだ色になっているのは、反応性が高い元素らしく、空気中にある水分や酸素と反応してしまったため。

原子番号
39

Y
Yttrium

イットリウム

強力なレーザー光線の源

原子量
88.91

融点
1520℃

沸点
3388℃

密度
4470kg/m³

イットリウムは銀光沢を持つ軟らかい金属で、レアアースのひとつだ。展延性がなく、空気中で酸化しやすい特徴がある。単体は自然界には存在せず、ほとんどのレアアース鉱石に含まれている。元素名は、イットリウムを主成分として含む鉱物ガドリン石が、1794年に発見されたスウェーデンのストックホルム近郊にあるイッテルビー村に由来している。イットリウムの最重要な用途は、ユーロピウムを少量添加（ドープ）した酸化イットリウムが、テレビのブラウン管の赤色蛍光塗料として使われてきたことだろう。

また、さまざまな人工ガーネットの製造に使われ、アルミニウムとの酸化物、イットリウム・アルミニウム・ガーネット（YAG）は、強力なレーザー光線の発生源に用いられている。医療用には、イットリウムの代わりにネオジムやエルビウムを数％ドープしたものが使われる。なお、イットリウム・バリウム・銅酸化物セラミックスは、約マイナス180℃で超伝導を起こす酸化物高温超伝導体で、構成する元素の頭文字をとってYBCO、または構成元素の物質量比からY123とも呼ばれている。

原子番号 40

Zr

Zirconium

ジルコニウム

熱によって宝石の色が変わる！

原子量	融点	沸点	密度
91.22	1852℃	4361℃	6506kg/m³

ジルコニウムは銀色の金属で、耐熱性・耐食性に優れているため、さまざまな使い方をされている。天然の金属ではもっとも中性子を吸収しにくいので、ジルカロイという少量のスズを含むジルコニウム合金が、原子炉の燃料棒の被覆材料などに使われている。

酸化ジルコニウムは、圧電素子、コンデンサー、白の顔料としても利用されている。宝石としても知られるジルコンは、ジルコニウムを主成分とするケイ酸塩鉱物で、火成岩のなかに微小な結晶が広く存在している。しかし、宝石となるほどの良質な結晶は、インドやスリランカなどの限られた地域でしか採取されない。天然のジルコンは、風化に耐え、比重が重いので海岸などにジルコンの砂粒が濃集している場所があり、「ジルコンサンド」と呼ばれている。酸化ジルコニウムにイットリウム等を加えたキュービック・ジルコニアは、屈折率がダイアモンドに近く、硬度も高いため人工宝石として市販されている。

ジルコンの色は熱によって変化させることができ、無色透明のホワイト・ジルコン、青色のブルー・ジルコン、黄褐色のヒアシンスなどが宝石として利用されている。

イットリウム・アルミニウム・ガーネット（略称YAG）は、工場などで強力なレーザー光線の発生源として用いられている。
©アフロ

銀光沢を持つ軟らかい金属であるイットリウム。展延性がなく、空気中で酸化しやすい。
©アフロ

酸化ジルコニウムにイットリウム、カルシウム、マグネシウム、ハフニウムなどを4～15% 添加したジルコニアは、立方晶安定化ジルコニア（キュービックジルコニア）と呼ばれる。かつて「模造ダイヤモンド」といわれたように、ダイヤモンドのイミテーションである。

Zr
ジルコニウム

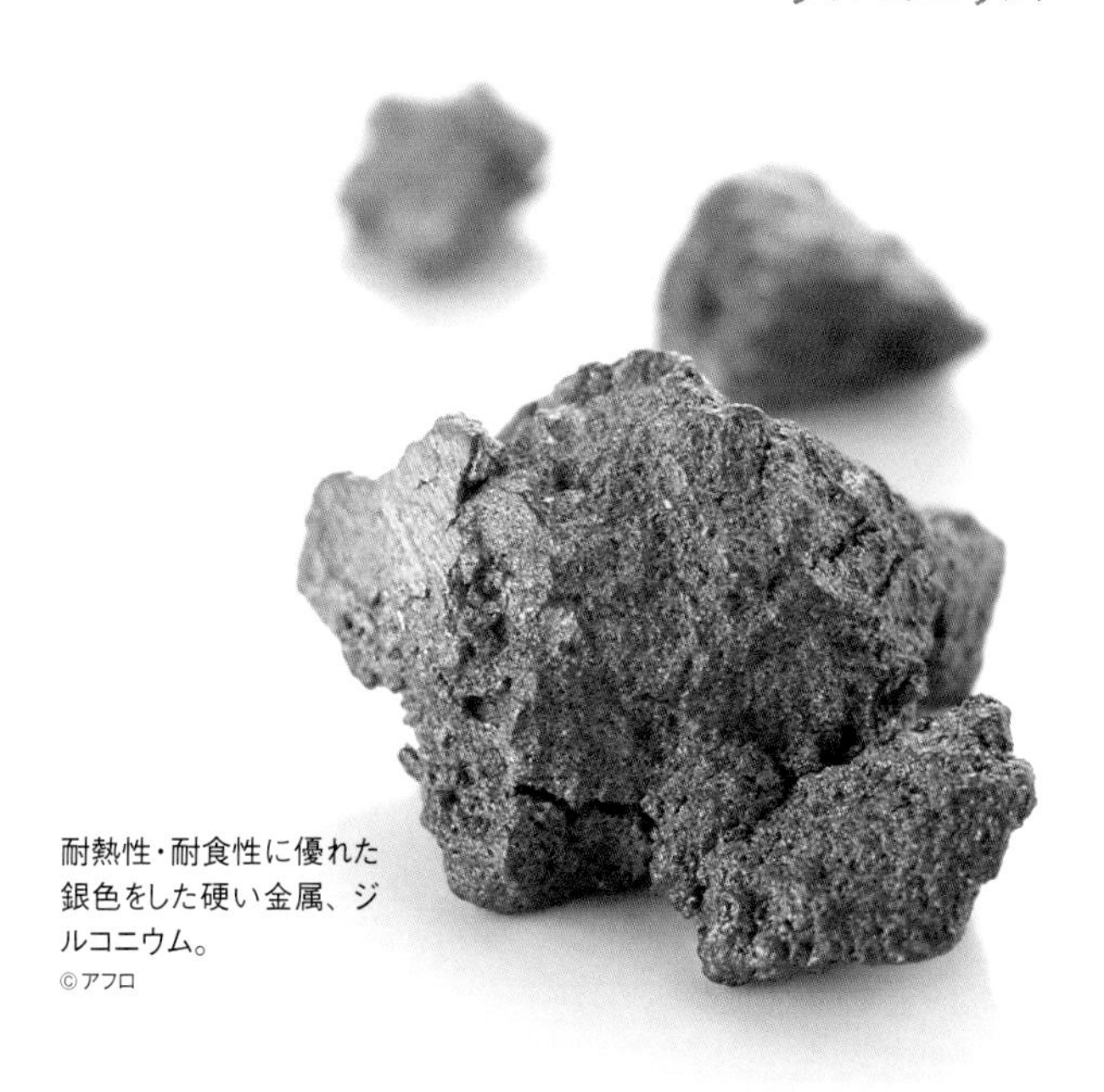

耐熱性・耐食性に優れた銀色をした硬い金属、ジルコニウム。

ニオブ

金属の耐熱性や強度を上げる添加剤

原子量	融点	沸点	密度
92.91	2468℃	4742℃	8570kg/m³

ニオブは、銀白色の軟らかい金属だ。レアメタルのなかでは比較的豊富に存在し、低コストで生産することができる。パイロクロアやコルンブ石（122ページ）という鉱物の主要元素で、ブラジルのミナス・ジェライス州にあるアラシャ鉱山で大部分が産出されている。かつては、コロンビウムと呼ばれていたが、タンタルと同じ元素とされ、コロンビウムは廃名になった。しかし、その後タンタルとは別の元素であるニオブが発見され、コロンビウムとニオブは同じ元素であることが明らかになり、名称がニオブに統一されることになった。

ニオブは金属に加えて、耐熱性や強度を上げる添加剤としての用途が大部分を占めている。そのためニオブは、高張力鋼、工具鋼やステンレス鋼などに添加され、それらの金属は、スペースシャトルや石油のパイプラインにも使われている。

ニオブとチタンの合金は、超低温の状態で超伝導体となり、超伝導電磁石材料としてリニアモーターカーや粒子加速器などへの利用が期待されている。

原子番号 42

Mo

Molybdenum

モリブデン

鋼を強くする人体必須元素

原子量	95.96
融点	2623℃
沸点	4639℃
密度	10220kg/m³

モリブデンは銀白色の硬い金属で、空気中では酸化被膜をつくり内部が保護されている。高温で酸素やハロゲンと反応する。

モリブデンを鋼に加えると、耐熱性や強度が増す性質がある。第一次世界大戦中、ドイツ陸軍は大砲の砲身にモリブデン鋼を使って、当時最大の移動可能な大砲「ビッグ・ベルタ」をつくりあげた。

現在、モリブデンのほとんどが、クロムやニッケルとともにステンレス鋼に加えられて利用されている。硫黄との化合物の二硫化モリブデン（123ページ）は固体潤滑剤として用いられる。モリブデンは、人にとって必須元素のひとつで、尿酸の生成、造血作用、体内の銅の排泄（はいせつ）などにモリブデン含有酵素がかかわっている。植物にとっても必須元素のため、肥料としてモリブデン酸のナトリウム塩やアンモニウム塩が使われている。

また、モリブデンを含むモリブデートオレンジ（クロム酸モリブデン酸鉛）は、熱に強いオレンジ色の顔料として利用されている。

Nb
ニオブ

銀白色の軟らかい金属であるニオブ。金属の耐熱性や強度を上げる添加剤としての用途が大半を占めている。

ニオブの原料鉱石であるコルンブ石（$FeNb_2O_6$：福島県石川産）。

Mo
モリブデン

モリブデンは、銀白色をした硬い金属だ。鋼に加えると耐熱性や強度が増すはたらきを示す。また、人体にとって必須元素のひとつでもある。

©アフロ

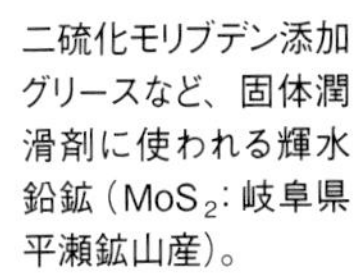

二硫化モリブデン添加グリースなど、固体潤滑剤に使われる輝水鉛鉱（MoS_2：岐阜県平瀬鉱山産）。

テクネチウム

医療に役立つ人類初の人工元素

原子量	融点	沸点	密度
(99)	2172℃	4877℃	11500kg/m³

テクネチウムは、人類が最初につくりだした人工放射性元素である。白金に似た外観を持つ銀白色の金属だが、製造と保管は粉末状態で行われている。テクネチウムは自然界では安定に存在しない、地球上では非常にまれな元素で、20種類以上あるすべての同位体が放射性だ。もっとも長いテクネチウム98の半減期は、およそ４２０万年。１９０６年、日本の化学者・小川正孝は「43番元素を発見し、ニッポニウムと命名した」と発表したが、のちに43番元素が地球上には存在しないことが判明すると小川の発見は取り消された。このとき小川が発見したのはレニウムだったと考えられている。

テクネチウムは、体内に注入が可能な放射性元素として、医療の核医学という分野を支える重要な元素でもある。脳梗塞や心筋梗塞の治療で、血管が詰まっている部分を見つけるために投与する血流測定剤には、テクネチウムが含まれている。

また、テクネチウムは使用済み核燃料に比較的多く含まれているが、日本ではこの分離再利用がほとんど進んでいない。

原子番号 44

Ru

Ruthenium

ルテニウム

ハードディスクでの需要が急増

原子量	101.1
融点	2310℃
沸点	4155℃
密度	12410kg/m³

ルテニウムは、白金族元素（周期表の第5〜6周期、かつ第8〜10族に位置する元素）のひとつで、光沢のある銀白色の金属だ。

硬くてもろいが耐食性が高く、王水でも溶けにくい性質がある。白金を精製する際の副産物として回収されている。

ルテニウムの用途を見ると、まず、強度を増すために、電気部品やアクセサリーに使われる白金合金やパラジウム合金に添加されている。ほかに、オスミウムとの合金は、腐食を受けない金属として万年筆などのペン先に使われている。

また、パソコンのハードディスクの表面には、記憶容量を増やすためにルテニウムの薄膜がコーティングされている。

ルテニウムは年間産出量が20トンほどしかなく、2000年以降、ハードディスクの成膜用材料として需要が激増し価格が急騰した。そこで最近では、スクラップになった電子部品に使われているルテニウムを精製し、再利用する技術が盛んになっている。

Tc
テクネチウム

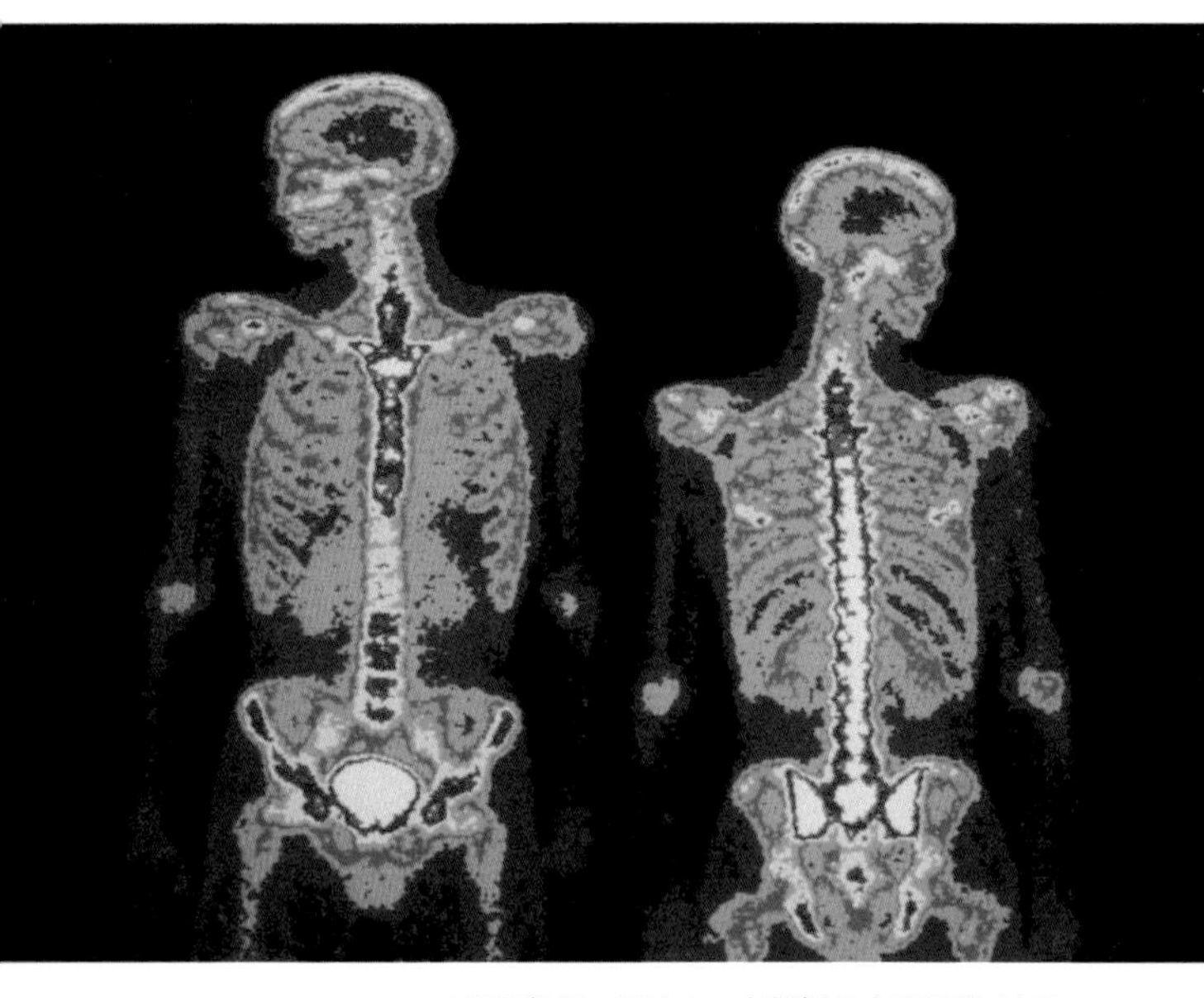

1937年につくられた、人類初の人工元素であるテクネチウムは、写真の骨シンチグラムのように、しばしば医療用放射性同位体として利用されている。

Ru
ルテニウム

光沢のある銀白色をしたルテニウム。硬くてもろい半面、耐食性が高く、王水（濃塩酸と濃硝酸の混合液）でも溶けにくい性質を持つ。

Rh
Rhodium

ロジウム

銀装飾品の表面メッキに利用

原子量	102.9
融点	1960℃
沸点	3697℃
密度	12410kg/m³

ロジウムは、白金族元素のひとつで銀白色をした金属だ。地球の地殻にはごくわずかしか存在せず、非常に希少で高価な金属でもある。展延性に富み、白金との合金は耐食・耐熱性に優れている。

よく光を反射する金属のため、シルバーロジウムメッキ加工として銀装飾品の表面メッキに使われ、シルバー独特の変色や汚れを防ぎ、ホワイトゴールドやプラチナのような輝きを持たせている。ロジウムに金属アレルギーを持つ人は少ないため、ロジウムメッキされているアクセサリーは、非常にポピュラーなものになっている。

ロジウムの電気抵抗は白金よりも小さく、酸化膜を形成しにくいので、電気接点材料としても使われている。

また、ロジウムの表面には、窒素酸化物（NOx）を窒素と酸素に分解する作用がある。そのため、自動車や工場の排気ガスを浄化する装置に、触媒としてロジウムの粉末が使われている。

原子番号
46
Pd
Palladium

パラジウム

ホワイトゴールドの脱色剤

原子量	106.4
融点	1552℃
沸点	2963℃
密度	（液体）10379kg/m³ （固体）12023kg/m³

パラジウムもまた、ロジウム同様、白金族元素のひとつで銀白色の金属である。地殻にはごくわずかしか存在せず、亜鉛やニッケル、金、銀、銅などを精製する際の副産物として回収されている。また、ロシアと南アフリカで8割以上の生産量を占めている。

パラジウムの合金は、気体をよく吸収する。とくに水素に関しては、自分の体積の900倍以上をも吸収し、透過する性質があるので、水素の精製に利用されている。

歯科治療に使われる銀歯には、金銀パラジウム合金が使われている。また、貴金属として装飾品にも利用されており、金を主成分とする白い合金であるホワイトゴールドの脱色剤として利用されている。最近では、プラチナやホワイトゴールドに替わってパラジウムのジュエリーが登場しているほど。パラジウムジュエリーは、硬度が高いため、変形も少なく、宝石の石定めにも適している。

またパラジウムは、自動車の排気ガス浄化触媒などとして工業用として用いられることも多い。

Rh ロジウム

ロジウムは非常に希少で高価な金属だ。よく光を反射する美しい銀白色をしており、シルバーロジウムメッキ加工として銀装飾品の表面メッキでおなじみだ。
©アフロ

ロジウムと同じく、白金族元素のひとつで銀白色をした金属であるパラジウム。硬度が高く変形が少ない性質から、プラチナやホワイトゴールドに替わる存在としてパラジウムジュエリーが登場している。

©アフロ

Pd
パラジウム

銀

1グラムが1800メートルに!?

光の反射率が大きいため、文字どおり、銀色の美しい光沢を持つ金属である銀。常温での電気伝導率、熱伝導率は金属のなかで最大。金に次いで展延性に富み、1グラムの銀は1800メートル以上に延ばすことができる。

人類は紀元前3000年頃から銀を用い、宝飾品や銀器、銀貨などがつくられた。ササン朝ペルシア（3世紀～7世紀）で、古代金属工芸の頂点といわれる見事な銀器がつくられる。わが国では、万葉集に白銀（しろがね）と歌われ、島根県の石見銀山が1526年から銀山として開発されその生産量は17世紀初頭にピークに達し、日本は世界の銀の3分の1を産出したといわれている。

銀は空気中の硫黄分と反応して硫化銀になり、表面が黒ずんでくる。銀の食器は、毒物のヒ素が混入されているのを知るために使われていたが、銀皿にヒ素を入れても変化は起こらない。昔はヒ素の純度が低く、硫化ヒ素などの不純物が混じっていたため、そう考えられたのだった。なお、銀イオンは強い殺菌力があるため、現在、広く抗菌剤として使用されている。

原子量	107.8682
融点	961.9℃
沸点	2162.0℃
密度	10500kg/m³

原子番号 48

Cd

Cadmium

カドミウム

印象派の画家に愛された黄色顔料

原子量	融点	沸点	密度
112.411	321℃	767℃	8650kg/m³

カドミウムは、やや青みを帯びた銀白色の金属である。軟らかく展延性に富み、比較的錆びにくいが、空気中では次第に酸化され、灰色になる。

人体に必須性はなく毒性がある。体内に蓄積すると腎臓機能に障害が起こり骨が侵される。かつて日本では、富山県の神通川上流の亜鉛精錬所からカドミウムが排出され、汚染された食品を摂取した人たちの間でイタイイタイ病が発生。公害病として大きな社会問題になった。動物濃縮があり、ホタテ貝の中腸腺（ちゅうちょうせん）（ウロ）にはカドミウムが100ppm前後濃集しており、貝柱は安全だが黒いウロは食べないほうがいい。古くからメッキの材料として自動車産業で使われ、ニッカド電池にも用いられている。カドミウムイエローは、硫化カドミウムを含む黄色顔料のひとつで、19世紀後半から油絵具として使われ、モネ、スーラ、ゴーギャンなど印象派の画家が愛用した。黄色は希望を表す色として、色彩の詩人といわれたシャガールも用いている。また、カドミウムグリーンはカドミウムイエローとビリジャン（緑色の含水酸化クロム）との混合物で、モネが睡蓮の絵で愛用したとされる。

ササン朝の銀器：鹿文舟形杯（イラン出土。3〜7世紀）。ササン朝の銀器は、古代西アジアの金属工芸史上の最高峰とされている。岡山市立オリエント美術館所蔵。

銀色に美しく輝く金属である銀は、熱伝導率が金属で一番、展延性は金に次ぐ2番目。1グラムの銀は、1800メートル以上に延ばすことができる。

クロード・モネ
《睡蓮の池と日本の橋》
1899年、ロンドン、ナショナルギャラリー
モネは、カドミウムイエローとビリジャン（緑色の含水酸化クロム）との混合物である顔料、カドミウムグリーンの緑を愛用したとされる。

青みがかった銀白色をした軟らかい金属であるカドミウム。人体には有害ないっぽうで、顔料（カドミウムイエロー、カドミウムレッド）や二次電池（ニッカド電池）の電極など、さまざまな用途がある。

Cd
カドミウム

原子番号
49
In
Indium

インジウム

液晶ディスプレイで活躍

原子量	融点	沸点	密度
114.818	156.6℃	2072.0℃	7310kg/m³

インジウムは銀白色をした、ナイフで切れるほどに軟らかい金属だ。酸には溶けるが、水とは反応しない。融点が156・6℃と低いので「はんだ」などに利用されている。

酸化インジウムスズはITOと呼ばれ、導電性があり、しかも薄膜にすると透明になる性質がある。これを利用して、液晶ディスプレイやプラズマディスプレイの電極（透明導電膜）に使われている。

リン化インジウムなどの化合物は、半導体材料として多方面に応用されている高機能性物質である。また、赤外線反射材として建築物や自動車への応用も進んでいる。

インジウムは亜鉛鉱石に含まれているが、現在、インジウムの世界最大の輸出国は中国である。北海道札幌市の豊羽（とよは）鉱山は、埋蔵量・産出量とも世界一のインジウム鉱山だったが、採掘可能な鉱石が枯渇してしまい、2006年に閉山している。

こうした状況を受けて現在は、インジウムを液晶ディスプレイなどから回収する技術や代替品の研究が進められている。

原子番号
50
Sn
Tin

スズ

青銅や鋳物材料、ブリキにウッド合金…

原子量
118.71

融点
232.0℃

沸点
2603.0℃

密度
（αスズ）
5769kg/m³
（βスズ）
7365kg/m³

スズは、比較的軟らかく融点が低い、銀白色をした金属だ。スズ単体だけでなく合金の成分として古くから広く使われ、スズとアンチモンの合金であるピューターはローマ時代から使われ、中世ヨーロッパでは、銀食器に次ぐ高級食器とされていたほど。これは鋳造のしやすさから、今でも使われている。ほかでは、鉛との合金ハンダ、スズメッキのブリキ、ヒューズや火災用安全装置などに使われるビスマスと鉛を含むウッド合金など。

銅とスズの合金を青銅といい、青銅器時代の名称で示される石器時代と鉄器時代の間の時代区分は、エジプトやメソポタミアでは紀元前3500年頃から2000年間続く。日本では弥生時代に青銅器と鉄器が同時期に大陸から伝わり、明瞭な時代区分はない。西日本を中心に多数の青銅製の銅鐸、銅矛、銅剣が見つかり、島根県の荒神谷（こうじんだに）遺跡では358本もの銅剣が出土した。青銅のさびは、西アジアのガラスの青色着色に用いられ、古代のリサイクルといえる。錫酸鉛は起源後のガラスの黄色着色に使われた顔料で、同系の鉛錫黄は、画家フェルメールの作品《真珠の首飾りの女》などで黄色の表現に用いられた。

In
インジウム

銀白色の軟らかい金属、インジウム。元素名は炎色反応で藍色（indigo）を示すことに由来している。

トルコのキュルテペ遺跡から出土した青銅（銅とスズの合金）製のベルトの留め金。アッシリア商業植民地時代（紀元前2000年頃）に、アッシリア商人によってイランから運ばれたものと考えられている。トルコ、カイセリ博物館所蔵。

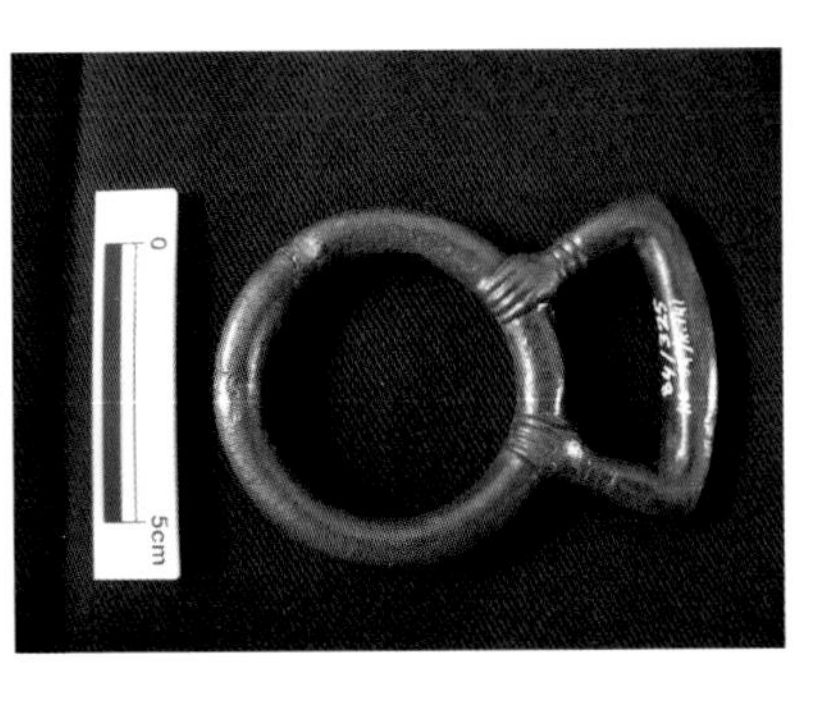

Sn
スズ

鉛との合金「ハンダ」や銅との合金「青銅」といった合金、鋳物材料として今も幅広く使われているスズ。単体は比較的軟らかく、銀白色をしている。

原子番号
51
Sb
Antimony

アンチモン

古代から顔料や化粧品に！

原子量	融点	沸点	密度
121.76	630.7℃	1587℃	6697kg/m³

アンチモンは、灰白色でとてももろく、半導体に近い性質を示す半金属だ。レアメタルのひとつに数えられ、固まると液体のときよりも体積が増える性質を持っている。アンチモンを含む鉱石としては輝安鉱（きあんこう）（硫化アンチモンSb_2S_3）がある。

アンチモン化合物は古くから顔料や化粧品として使われ、紀元前2300年頃のエジプト王朝の墓からも発見されている。また、クレオパトラも輝安鉱の粉をアイシャドウに使っていたといわれている。

アンチモン酸鉛は黄色顔料として、アンチモン酸カルシウムは白色顔料として、ガラスの着色にエジプト新王国から使われている。アンチモン酸鉛は、ナポリ黄（ネープルスイエロー）として、ゴッホなどの近代絵画の絵の具、セラミックスの着色剤としても用いられている。また三酸化アンチモンは、ゴムやプラスチックに添加して難燃性を付与するのに使われる。ただし、アンチモンにはヒ素や水銀ほどではないが毒性がある。アンチモン化合物には皮膚や粘膜への刺激性があるため、代替材料の開発が進められている。

原子番号
52
Te
Tellurium

テルル

光が当たると電気を伝えやすい性質

原子量 127.6
融点 449.8℃
沸点 991.0℃
密度 6240kg/m³

テルルには金属テルルと無定形テルルがあり、金属テルルはやや黒ずんだ銀白色の半金属で、にんにく臭のような臭みがある。名前はラテン語の地球（tellus）に由来する。

自然界に単体で存在することもある。シルバニア鉱（$AgAuTe_4$）などの鉱物から得られていたが、現在は銅を電解精錬により精製する際の副産物として産出されている。

テルルは埋蔵量こそ少ないが、太陽電池や電子部品の材料に使われるなど、先端技術に不可欠な元素だ。光が当たると電気を伝えやすくなる性質があり、コピー機のドラムや光ディスク（DVD－RAMなどの記録層）に利用されている。

ほかにも、ガラスの赤紫色の着色や、陶磁器やエナメルなどに赤や黄色の色をつける顔料としても使われている。また、テルルの化合物であるテルル化ビスマスは、熱電変換素子として電子冷却装置に利用されている。

テルルやテルルの化合物には毒性があり、体内に取り込まれると代謝によって悪臭がするジメチルテルルリドが生成され、その結果、呼気がニンニク臭を帯びる。

古代の地中海東岸に位置したフェニキア（現シリア）あるいは、古代都市国家カルタゴ（現チュニジア共和国）でつくられたとされる、人頭型のペンダント。黄色はアンチモン酸鉛による着色。MIHO MUSEUM所蔵。

Sb
アンチモン

アンチモンは灰白色でとてももろい金属である。2011年5月、鹿児島湾の海底で総量約90万トンと推定される、アンチモンの大鉱床が見つかったと報道された。これは2010年の国内販売量に当てはめると、約180年相当という膨大な量だ。

Te
テルル

黒ずんだ銀白色をしているテルル。埋蔵量が約3万8000トンと少ないが、太陽電池や電子部品の材料に利用されるなど、先端技術に不可欠な元素のひとつだ。

原子番号 53

I

Iodine

ヨウ素

消毒液やうがい薬にして人体必須元素

原子量	126.9
融点	113.6℃
沸点	184.4℃
密度	4930kg/m³

ヨウ素は黒紫色の固体元素だが昇華性がある。小学校の理科の授業で行う、デンプンにヨウ素溶液を加えると藍色になるという「ヨウ素デンプン反応」実験でもおなじみだ。ヨード（沃度）とも呼ばれ、大部分が地下水層から採取されている。殺菌作用があるため、消毒液のヨードチンキ（ヨウ化カリウムとヨウ素を水とアルコールの混合液で溶かしたもの）やうがい薬にも使われている。人間の必須元素であり、微量のヨウ素は甲状腺ホルモンを合成するために必要とされる。ヨウ素不足になると、甲状腺ホルモン欠乏で成長阻害、基礎代謝低下が起こる。海藻に濃縮され、食品では昆布に多く０・３％程度含まれる。海藻を食べない内陸地域で欠乏症が多く、世界中で20億人以上が不足しているとされ、アメリカでは食塩にヨウ化ナトリウムを混ぜたものが売られている。

原子力発電所の事故などで、放射性同位体ヨウ素１３１の汚染が起こった場合、安定ヨウ素剤を服用することで、甲状腺をヨウ素で飽和させ、ヨウ素１３１が甲状腺に蓄積されないようにするという方法が取られる。

原子番号
54
Xe
Xenon

キセノン

「はやぶさ」の原動力

原子量
131.293
融点
-111.9℃
沸点
-108.1℃
密度
(気体) 5.887kg/m³
(液体) 2939kg/m³
(固体) 3540kg/m³

キセノンは無色無臭の不活性ガスで、空気中の存在割合がきわめて小さい希ガス元素だ。大量の空気を分離する大型のプラントで、ごく微量のキセノンガスを採取しているため、非常に高価なガスでもある。ガラス管に入れて電圧をかけ放電させると、青白い光を放つ(キセノンランプ)。X線CTの造影剤や熱を通さない高い断熱性を利用して断熱材に使われるなど、さまざまな用途がある。

原子炉から放出される核分裂ガスや、冷却水中のウランからは、キセノンの放射性同位体が比較的高濃度で検出される。放射性キセノンの半減期は、キセノン133が約5日、キセノン135が約9時間と短く、放射性キセノンが検出されれば比較的最近まで核分裂が起こっていたということになる。地下核実験ではキセノン133が放出されるため、核実験が行われたかどうかを判断するため、大気中のキセノン133を調べることがある。

またキセノンは、日本の小惑星探査機「はやぶさ」に搭載されたイオンエンジンの推進剤として使われたことで有名なった元素でもある。

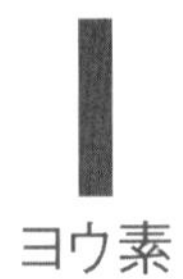

ヨウ素

黒紫色をした固体元素であるヨウ素。米国地質調査所の2005年版統計によれば、世界の生産量1位がチリで16,200トン、2位が日本で6,500トン。資源小国のわが国にあって貴重な輸出資源であり、ほとんどが千葉県の水溶性天然ガス鉱床（南関東ガス田）から産出する地下水から生産されている。

Xe
キセノン

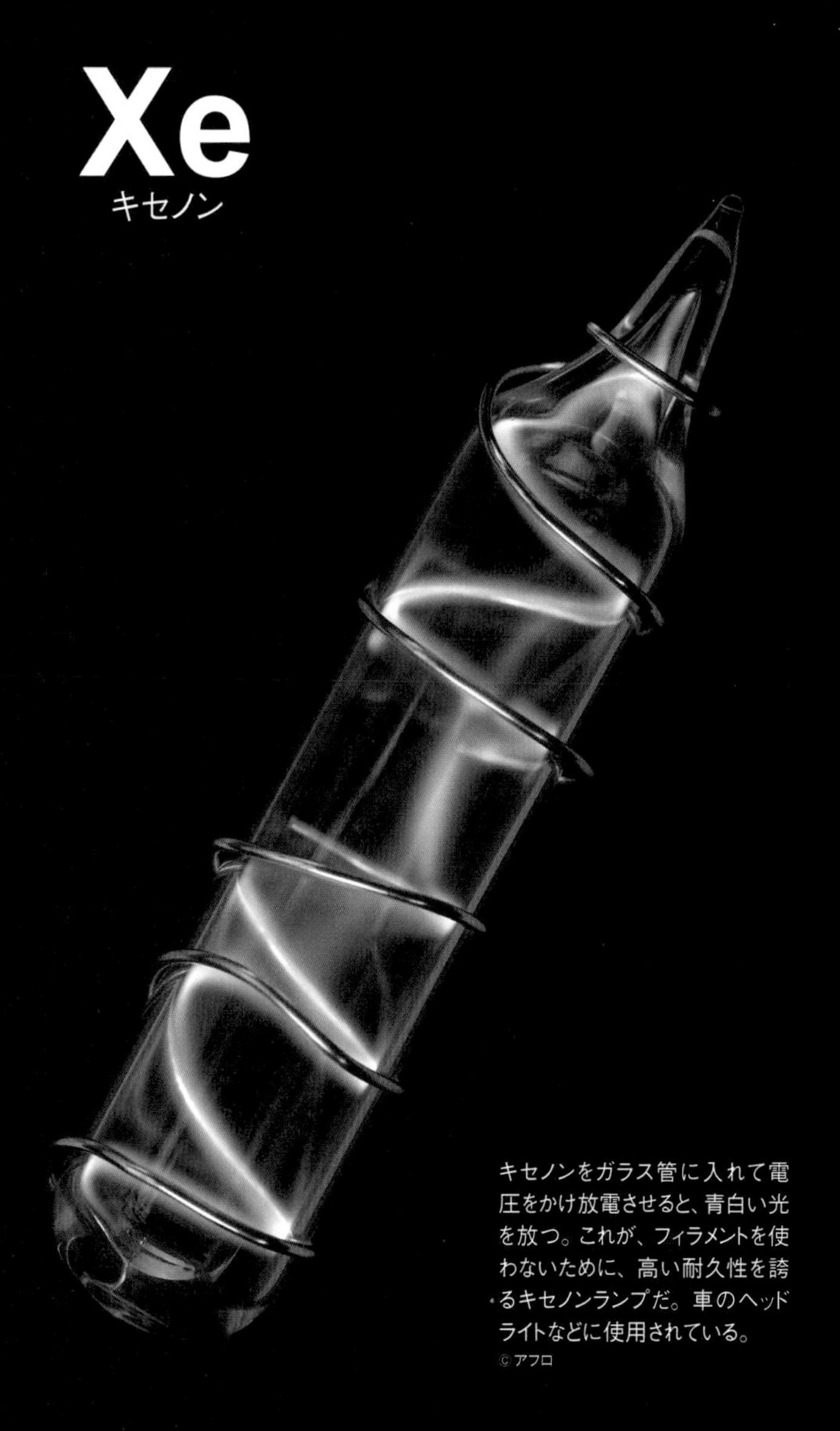

キセノンをガラス管に入れて電圧をかけ放電させると、青白い光を放つ。これが、フィラメントを使わないために、高い耐久性を誇るキセノンランプだ。車のヘッドライトなどに使用されている。
© アフロ

原子番号
55
Cs
Caesium

セシウム

超高精度の「原子時計」に使用

原子量
132.9

融点
28.4℃

沸点
658.0℃

密度
1873kg/m³

セシウムは、黄色がかった銀色をした金属である。ネバネバした軟らかさがあって、融点が約28℃と低く、簡単に液体にすることができる。反応性に富み、水と爆発的に反応する。大気中では酸素と反応して自然発火しやすい。

セシウム化合物は、セシウムの炎色反応によって青から紫色の炎をあげて燃える。同位体のセシウム１３３は、時間の長さの基準になるセシウム原子時計に使われ、セシウムの電子状態が変化するときに放出される光を基準にして、１秒の長さが決められている。なお、セシウム原子時計の誤差は、３０００万年に1秒程度とされている。

放射性セシウムは、ウランが核分裂する際に生成されることで知られている。セシウムはアルカリ金属元素で水に溶けやすく、同族のナトリウムやカリウムと性質が似ているので、野菜や人間の体内に取り込まれやすいという性質を持つ。

２０１１年の福島第一原子力発電所の事故によって、さまざまな食物から基準値以上の放射性セシウムが検出され、大きな問題になった。

原子番号
56
Ba
Barium

バリウム

レントゲンの造影剤でおなじみ

原子量	137.327
融点	729℃
沸点	1898℃
密度	3594kg/m³

バリウムは、銀白色をした軟らかい金属だ。単体は水と激しく反応するため、石油中に保存される。地殻中の存在量は豊富で、重晶石（じゅうしょうせき）（硫酸バリウム）などの鉱石として産出される。この重晶石は、17世紀初頭、イタリア・ボローニャの錬金術師カッシャローロにより発見された。カッシャローロは、ボローニャ石と呼ばれていた重晶石を炭といっしょに加熱して、暗闇で赤く光る物質（硫化バリウム：燐光体（りんこうたい））を生成し人々を驚かせたという。なお、硫酸バリウムはバラの花に似た結晶をつくり、砂漠のバラと呼ばれている。

胃カメラなどレントゲンの造影剤に使われているのが、化合物の硫酸バリウムだ。X線を通しにくい性質から、胃の形状や影などを見ることができる。また、硝酸バリウムは炎色反応で緑色になるため、花火などに使われている。それ以外のバリウム化合物の用途には、硫酸バリウムは顔料、チタン酸バリウムはコンデンサの材料などがある。

硫酸バリウム以外のバリウム化合物は毒性が強く、大量に摂取すると、神経系の障害が起こるため、一般に劇物の指定を受けている。

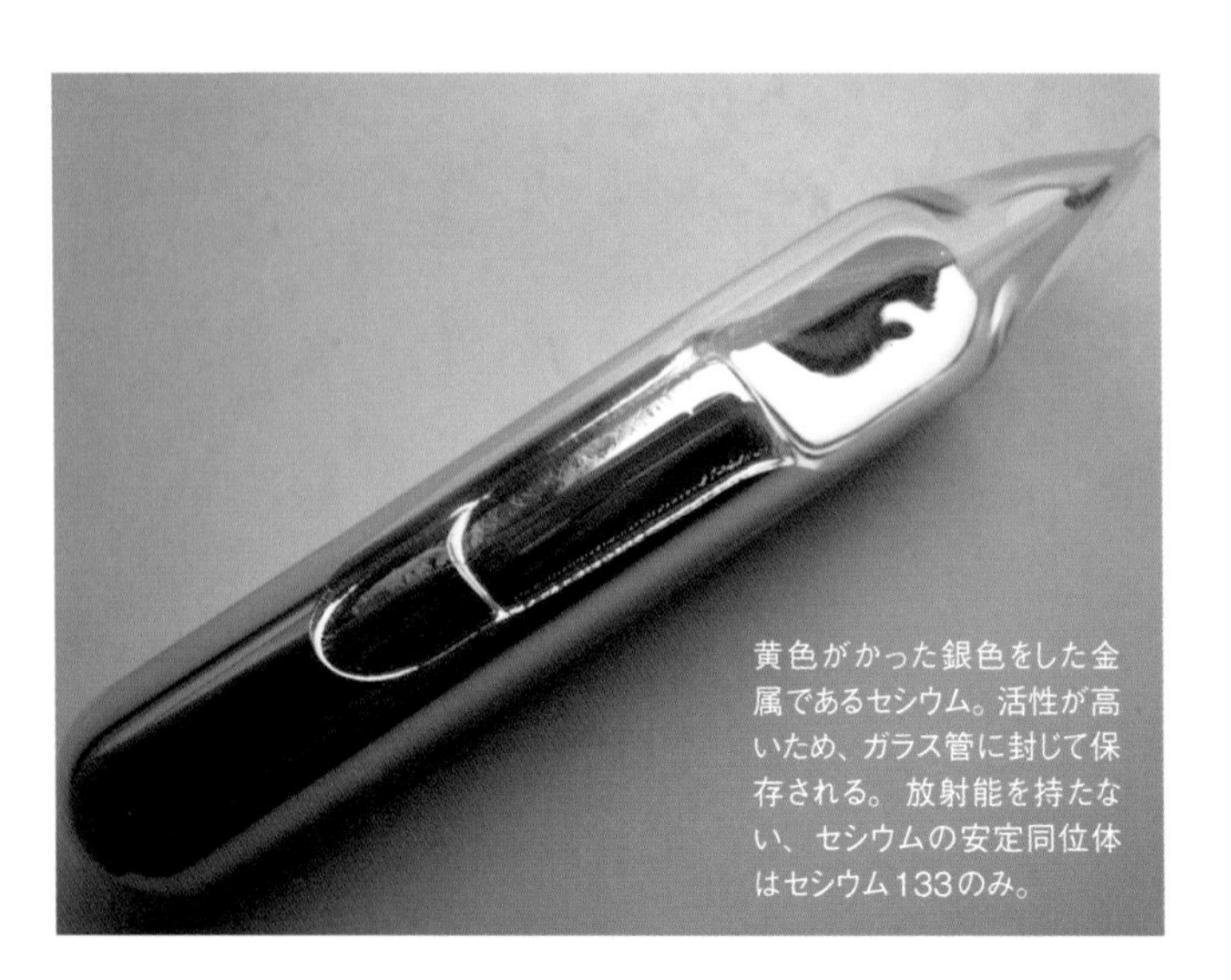

黄色がかった銀色をした金属であるセシウム。活性が高いため、ガラス管に封じて保存される。放射能を持たない、セシウムの安定同位体はセシウム133のみ。

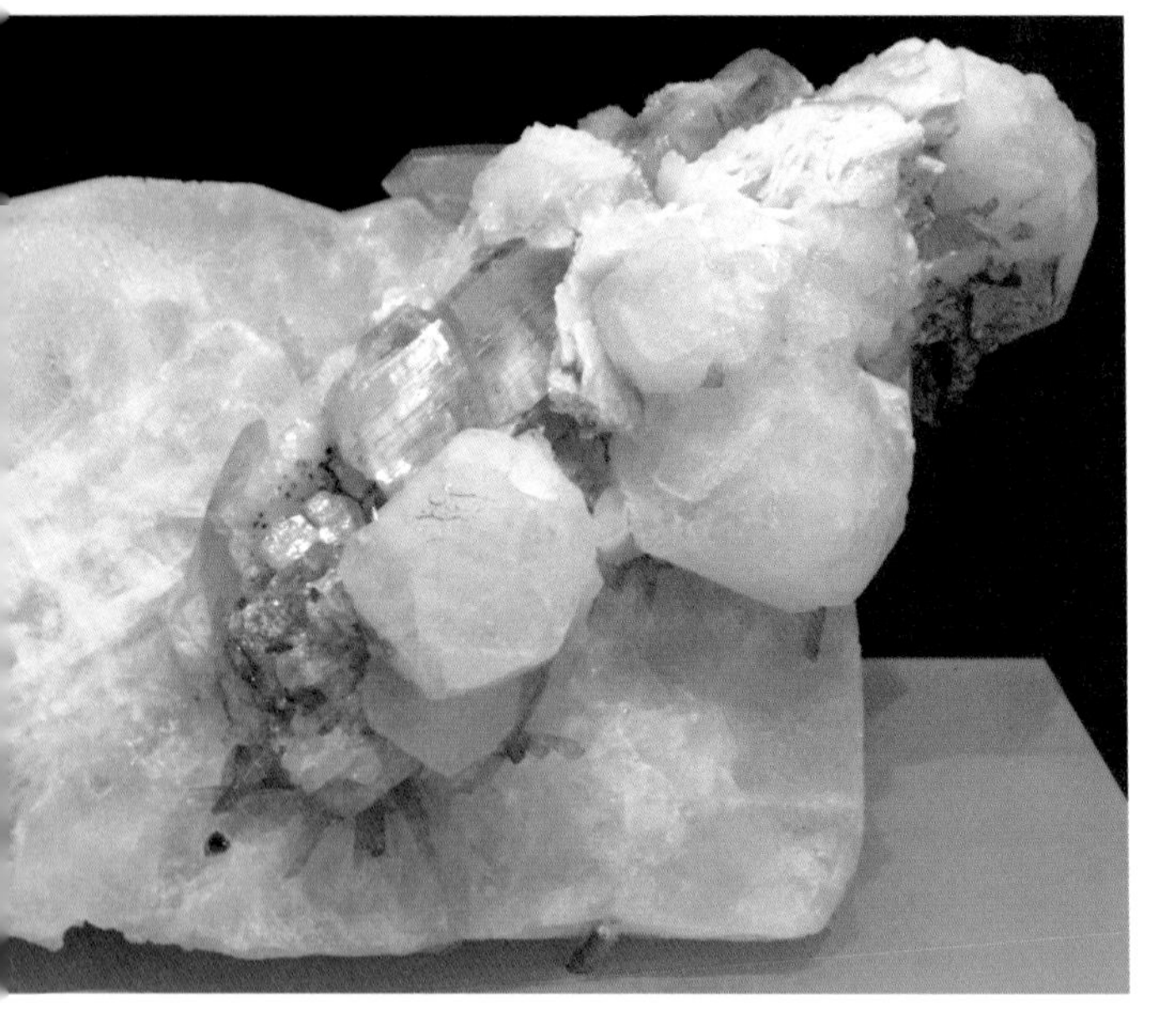

Ba
バリウム

銀白色の軟らかい金属であるバリウム。ほかのアルカリ土類金属（2族）元素と似た性質を示すが、カルシウムやストロンチウムと比べると反応性が高い。水と激しく反応するため、石油中に保存される。

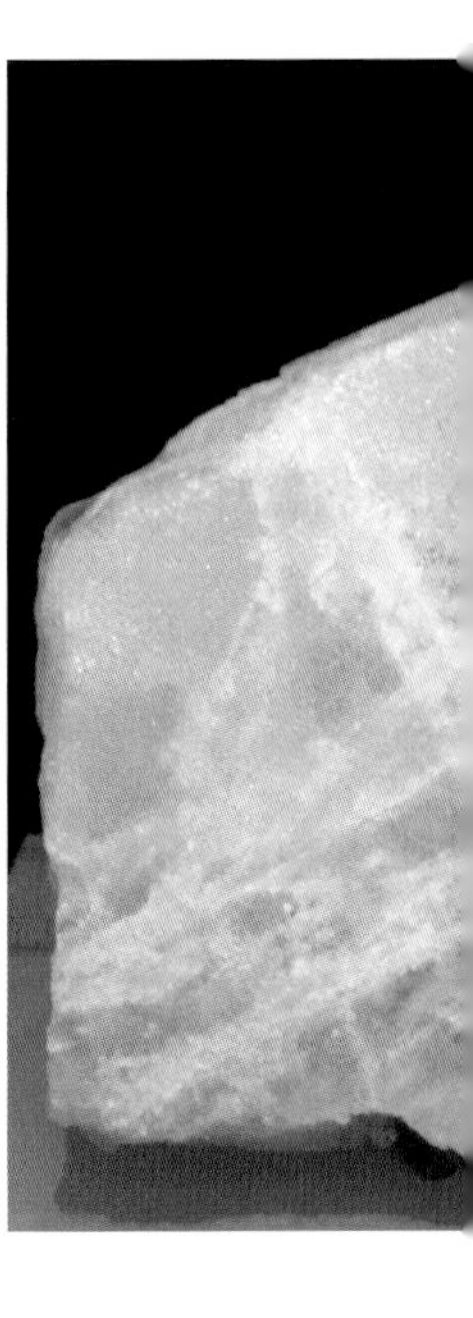

Cs
セシウム

セシウムを含有するポルックス石。天然に産出されるほとんどのセシウム（セシウム133）はこの鉱物由来である。

原子番号
57
La
Lanthanum

ランタン

安価なミッシュメタルが大活躍

原子量
138.9

融点
920℃

沸点
3461℃

密度
6145kg/m³

ランタンからルテチウムまでの15元素は、ランタノイドと呼ばれ、それにスカンジウムとイットリウムを加えた17元素がよく似た性質を持つためレアアース（希土類）と総称される。ランタノイドのトップのランタンは、銀白色をした軟らかい金属だ。比較的活性が高く、空気中では酸素と反応して色が黒くくすむ。

ランタンを含む鉱石には、モナズ石とバストネス石がある。ネオジムとランタンの炭酸塩であるネオジムランタン石は、日光の下では淡い紅色、蛍光灯では淡い緑色に見える。

精製の途中で得られるミッシュメタル（主成分はランタン、セリウム、ネオジム）は価格が安いため、ガラスの研磨剤や陶磁器の着色剤として使われている。また、ミッシュメタルと鉄の混合物は発火石と呼ばれ、衝撃で火花を散らす性質があり、使い捨てライターに使われる。酸化ランタンは、セラミックコンデンサや天体望遠鏡などの光学レンズの材料に使われている。ランタンとニッケルの合金には水素を吸収する能力があり（水素吸蔵合金）、燃料電池の水素を安全に貯蔵する容器として研究されている。

原子番号
58
Ce
Cerium

セリウム

酸化セリウムが排気ガスをきれいに

原子量
140.1

融点
799℃

沸点
3426℃

密度
8240kg/m³

セリウムは、やや黄色みを帯びた銀白色の金属で、レアアースのなかでもっとも存在量が多く産業的にも重要な元素だ。酸素とよく反応し、ひっかいたり強く擦るなどして（比較的低い温度で）発火するため、ライターの発火石に鉄との合金として使われている。

酸化セリウムは、ガラス研磨剤として使われ、光沢のある平坦なガラス研磨を可能にする。また、紫外線を強く吸収するので、ガラスに添加してサングラスや自動車の窓に使われている。さらに、ディーゼル車のエンジンに触媒としても使われる。酸化セリウムには、ディーゼルと空気の燃焼を促進するはたらきがあり、排気ガスに含まれるPM（微小粒子状物質）の量を減らしているのだ。光を照射して発光する物質を蛍光体というが、白色LEDは，LEDの青色光を黄色蛍光体であるセリウムが添加されたイットリウムアルミニウム酸化物（YAG:Ce）に当てて黄色光に変換し、青と黄が混ざって白色に見えている。なお、セリウムの発見は1803年のことで、名前は、その2年前、人類が初めて発見した小惑星「セレス」（ローマ神話の「穀物の女神」）にちなんでいる。

La
ランタン

ランタンは銀白色をした軟らかい金属だが、比較的活性が高いために、空気中では酸素と反応して黒みを帯びる。
©アフロ

やや黄色みを帯びた銀白色の金属であるセリウムは、レアアースのなかでもっとも存在量が多い元素として知られる。

©アフロ

原子番号
59
Pr
Praseodymium

プラセオジム

レアアース初の顔料に

原子量	融点	沸点	密度
140.9	931℃	3512℃	6773kg/m³

プラセオジムは、銀白色の軟らかい金属で、空気中では酸化して黄色みを帯びる。また、プラセオジムの酸化物は、ガラスの黄緑色の着色剤に用いられている。

溶接作業に使われるゴーグルのガラスには、青い光を吸収するプラセオジムの酸化物と、黄色い光を吸収するネオジムの酸化物が使われている。

ジルコンにプラセオジムが固溶した黄色顔料のプラセオジムイエローは、最初に実用化されたレアアースの顔料で、陶磁器の釉薬として使われている。このプラセオジムイエローは、単独では緑を帯びた黄色だが、別の顔料と混ぜて中間色をつくることができる。たとえば、バナジウムティンイエローやバナジウムジルコニアイエローと混ぜると、緑みのないあざやかな黄色を出すことができる。

ほかの用途としてはプラセオジム磁石がある。この磁石はプラセオジム、コバルトを主成分とする永久磁石で、さびにくく、強度が非常に高く割れや欠けがない。ただし価格が高いために、ネオジム磁石と比べて普及していない。

原子番号 60

Nd

Neodymium

ネオジム

最強の市販磁石・ネオジム磁石

原子量	融点	沸点	密度
144.2	1021℃	3068℃	7007kg/m³

ネオジムは銀白色をした金属で、錆びやすく、空気中での酸化はランタンよりも遅く、表面だけが酸化される。酸化ネオジムは、ラベンダー色の釉薬として陶磁器などに利用されている。

ネオジムといえば磁石だ。ネオジムと鉄、ホウ素の化合物であるネオジム磁石は、わが国の佐川眞人らによって開発され、市販されている永久磁石のなかで最強とされ、ディスクドライブやビデオデッキ等の駆動モーター、携帯電話のスピーカーや超小型モーターなどに使われ、さまざまな電気製品を小型化することに大きく貢献した。

いっぽう、ネオジムはレーザー素子としても使われ、ネオジムを添加したＹＡＧレーザー（イットリウム・アルミニウム・ガーネットを用いたレーザー）は、高効率で耐久性が高く、半導体の製造やレーザーメスなど、広い分野で利用されている。また、ネオジムイオンを含んだリン酸塩のガラスは、高出力のレーザーに適しているため、レーザー核融合炉の研究に利用されている。

銀色の軟らかい金属であるプラセオジム。酸化すると表面は黄色みを帯びてくる。
©アフロ

銀白色をした金属のネオジム。ネオジム、鉄、ホウ素の化合物であるネオジム磁石は、市販されている永久磁石のなかではもっとも強力だ。
©アフロ

プロメチウム

かつては夜光塗料の原料も…

原子量
（145）

融点
1168℃

沸点
2700℃

密度
7229kg/m³

プロメチウムは銀白色の金属で、天然では後述のウラン鉱石中にごく微量ながら存在する。安定同位体を持たず、放射性同位体しか存在しない。つまり、安定な元素はなく、すべて放射壊変する元素だ。崩壊して半分に減ってしまう期間を示す半減期が一番長いものでも17・7年だ。同位体とは、原子番号が同じで質量数が異なる元素のことで、原子核にある中性子の数が違う。原子番号が同じで原子の重さが違うだけなので性質は似る。

この放射壊変を利用したものが原子力電池だ。放射線が物質に吸収される際に、生じる熱を用いて起電力を発生させる「熱電変換方式」が実用化されている。ただし現在では、そのほとんどがプルトニウム製である。また、放射されるβ線によって硫化亜鉛が発光する現象を利用して、時計の文字盤などを光らせる夜光塗料の材料としても活用された。ラジウムを原料とする夜光塗料が主流だった当時、ラジウムが発する強い放射線による人体への影響が懸念され、この夜光塗料が開発された経緯がある。だが放射性を考慮して密閉状態での使用に制限され、環境保全の観点から現在では国内生産されていない。

原子番号 62

Sm

Samarium

サマリウム

磁石界の救世主となれるのか？

原子量	150.36
融点	1077℃
沸点	1791℃
密度	7520kg/m³

サマリウムは銀色の光沢を持つ金属で、花崗岩や砂岩などから見つかるモナズ石などに多く含まれる。レアアースのなかでは地殻中に比較的多く存在する元素で、中国、アメリカ、インド、カナダ、ブラジル、オーストラリアなど世界各地で鉱山が発見されている。空気中でも容易に酸化しやすく、150℃で発火し、熱水とも反応する特徴を持つ。

おもな用途には、サマリウムコバルト磁石が挙げられる。もっとも強い磁力を持つネオジム磁石には劣るが、ネオジム磁石の磁性が消失する300℃という高温でも使用できるほか、さびにくい性質も有する。超小型モーターのほか、ヘッドフォンなどにも組み込まれている。近年、ネオジム磁石に添加されるジスプロシウムの鉱山のほとんどが中国にあることを受け、サマリウムコバルト磁石の改良が進められた。これはレアアースの中国依存からの脱却を目指す流れによるものだ。2012年には100℃以上の実使用温度域で、ネオジム磁石と同等以上の磁力を持たせることに成功したと報じられた。自動車や鉄道車両の駆動モーターなどに用いられるなど、多くの期待が寄せられている。

銀色で軟らかいサマリウムの樹状結晶。これを数カ月も空気中に放置すると、白色の酸化サマリウムに変化する。

©アフロ

本来は銀色をしたユウロピウムだが、空気中の酸素にアッという間に酸化され、黄緑色した酸化ユウロピウムの粉をふく。
© アフロ

Eu
ユウロピウム

原子番号
63
Eu
Europium

ユウロピウム

光分野で緑の下の力持ち

原子量	151.964
融点	822℃
沸点	1597℃
密度	5243kg/m³

ユウロピウムは銀色の金属で、ランタノイドのなかではもっとも密度が小さい。空気中や水中では容易に酸化し、熱水に溶けて水素を発生させる。酸化イットリウムなどに酸化ユウロピウムが添加された化合物は、赤色の蛍光体として1960年代初頭に発見され、注目を浴びることとなる。赤色の蛍光体はブラウン管型のカラーテレビに応用され、その性能はまさに革命的で、キドカラー（日立製作所）の名前の由来になった。

カラーテレビは光の三原色である赤、緑、青の3つの光の輝度(きど)を調整することで、さまざまな色を表現し像を映し出す。従来式では赤色の蛍光体が十分な明るさを確保できなかったため、緑と青の光を意図的に弱くして均衡を取らざるを得なかった。しかしユウロピウムが添加された明るい赤色蛍光体の誕生で、カラーテレビはより明るく鮮やかなものへと変貌を遂げたのである。このほか、色味をより自然なものにすることができる三波長形蛍光ランプにも用いられ、同じ電力量でも従来の蛍光灯より明るい利点も生み出した。LEDにも使用されており、光の分野での活躍が目立つ元素といったところだろう。

原子番号 64

Gd

Gadolinium

ガドリニウム

MRI検査の造影剤

原子量 157.25

融点 1313℃

沸点 3266℃

密度 7900kg/m³

　ガドリニウムは銀灰色の軟らかい金属で、熱水や酸に溶ける。レアアースのなかでも、ランタンからユウロピウムまでは軽希土類元素、イットリウムを含みガドリニウムからルテチウムまでを重希土類元素と呼ぶ。20℃以下で強磁性を示すのが大きな特徴だ。この強磁性とは永久磁石などが持つ性質で、磁界内で磁化された物質を磁界から取り除いても磁気を残す特質。強磁性を失う温度をキュリー温度というが、ガドリニウムでは20℃、鉄の場合では770℃、前述のサマリウムコバルト磁石ではおよそ800℃となっている。

　ガドリニウムはMRI検査の造影剤として広く使われている。MRIは、強力な磁場によって生じる水分子中のプロトン（水素イオン）の反応を信号として読み取り、コンピュータ処理して断層を画像化する方法だ。血管内に投与されたガドリニウム化合物が血液中のプロトンと相互作用し、血液のある部分をより明瞭に画像化するため、血液が詰まっている狭窄部分などがわかる。ほかにも、プラズマディスプレイに使われたり、中性子吸収能力が高いため原子炉の中性子を抑制する制御材料としても利用されている。

Gd
ガドリニウム

銀灰色をした軟らかい金属である
ガドリニウム。空気中に置いてもほ
とんど酸化しない。

軟らかくナイフで切ることもできるテルビウム。熱水で分解されるし酸にも可溶だが、空気中では比較的安定している。
©アフロ

Tb
テルビウム

Tb
Terbium

テルビウム

磁場に入ると伸び縮みする金属

原子量	融点	沸点	密度
158.92534	1356℃	3123℃	8229kg/m³

テルビウムは銀白色の金属で、ナイフで切れるほど軟らかく、延性を持つ。熱水で分解され、酸に溶けるが、空気中では比較的安定していて、表面が酸化される程度だ。

テルビウム以降の重希土類はゼノタイム鉱石から多くが精製される。磁力が作用すると伸び縮みする「磁歪（じわい）」と呼ばれる性質を持つのが特徴で、テルビウム、ジスプロシウム、鉄の合金で作られた磁歪材料テルフェノール－Dは、従来のニッケル系の合金やフェライトなどに比べ1000倍以上も大きな磁歪効果を生み出すといわれている。

この磁歪材料が応用されているものにパネルスピーカーが挙げられる。普通のスピーカーはコーンと呼ばれる部分を振動させ音を発生させているが、パネルスピーカーは磁歪による伸縮振動を直接大きなアクリル板などに伝えることで、音像が広い音声を再生できるスピーカーだ。また、開発当時から運用されている艦船のソナーシステムをはじめ、宇宙天体望遠鏡や磁歪ポンプにもテルフェノール－Dが応用されている。なお、テルビウム自体は、蛍光ランプやカラーテレビ管の緑色蛍光体としても幅広く用いられている。

ジスプロシウム

代替開発が進むレアアース

原子量	162.500
融点	1412℃
沸点	2562℃
密度	8550kg/m³

ジスプロシウムは明るい光沢がある銀白色で、刃物で容易に切ることができる軟らかい金属だ。空気中では表面が酸化され、熱水や酸に可溶、冷水にも徐々に溶ける。産地としてはかなり偏りがあり、99％が中国で産出されている。

もっとも強力な磁力を持つネオジム磁石に添加すると、熱減磁（ねつげんじ）を緩和させる性質を持っている。熱減磁とは、温度が上昇することで磁力が弱まる現象のことだ。とりわけ強い磁力を持つネオジム磁石は、携帯電話などの小型製品から鉄道、ハイブリッドカーのモーターなどに使われている。とくに後者のように高温下での使用が多い場合、ジスプロシウムが添加された磁石が使われることがほとんどだ。しかし産地の偏在による安定供給への懸念から、近年ではジスプロシウムを使わずに保磁力を高める研究が進んでいる。

ほかの用途としては、車のヘッドライトにも装備されている高輝度放電ランプがある。ヨウ化ジスプロシウムや臭化ジスプロシウムが赤色領域の発光にひと役買っているのだ。また、中性子を吸収しやすい特性を生かし、原子炉内の制御棒にも用いられている。

Dy
ジスプロシウム

明るい光沢がある銀白色をしたジスプロシウム。空気中に置いておくと酸化し、表面が暗くくすんでくる。

ホルミウムは、銀白色または灰色をした軟らかい金属で、空気中で酸化されて着色する。
© アフロ

原子番号
67
Ho
Holmium

ホルミウム

医療用レーザーで結石を破壊

原子量	融点	沸点	密度
164.93032	1474℃	2695℃	8795kg/m³

ホルミウムは比較的軟らかく、銀白色または灰色の金属だ。乾燥している空気中では安定しているが、温度が高く湿った空気中では迅速に酸化し、熱水や酸に溶ける性質を持っている。もっとも身近な用途は、ホルミウムヤグレーザー（Ho：YAG）だ。YAG（イットリウム・アルミニウム・ガーネット：$Y_3Al_5O_{12}$）レーザーにホルミウムを使用した固体レーザーで、外科手術に用いられている新しいレーザーのひとつ。レーザー光の波長が2・1マイクロメートルと水に吸収されやすい波長で、色素などの影響を受けにくい性質を持っている。

したがって、生体組織の色素分布や血管の分布にかかわらず、人体組織に対する到達深度がわずか0・4ミリメートルと浅く、目的組織だけの治療が可能となり周辺組織への熱損傷が軽減される。前立腺肥大症に対する新しい治療法で、内視鏡の先についたレーザーメスで、肥大した前立腺腺腫（ぜんりつせんせんしゅ）を安全・確実に切除していくことができる。尿管結石の手術では、レーザーのエネルギーを結石に伝達することによって結石を砕き粉末状にする。

原子番号 68

Er
Erbium

エルビウム

光学特性がネット社会を支える

原子量 167.259
融点 1529℃
沸点 2863℃
密度 9066kg/m³

銀色の軟らかい金属のエルビウムは、ほかのレアアースと比べて空気中での酸化は緩やかだ。注目すべきはピンク色をしたエルビウム陽イオンである。これに特定波長のレーザー光を照射すると、約1・55マイクロメートルの波長を持つ光を放出するからだ。この光学特性が今日のインターネット社会を支えているのである。

光通信に用いられる光ファイバーは、おもに石英ガラスからつくられているが、このとき伝送損失が最少となる光の波長が1・55マイクロメートルなのだ。いくら損失が小さいからといっても、損失を0にはできず増幅器が必要となる。そこでエルビウムが添加された増幅器の出番となる。エルビウムイオンはレーザー照射されると、エネルギーを蓄えた励起状態に遷移する。そこに光ファイバーを伝わってきた波長1・55マイクロメートルの光が入射すると、誘発されるように自身も光を放出してエネルギーを発散する。このとき放出される光の波長は、光ファイバーを伝わってきたものと同じ1・55マイクロメートルであるため、結果的に光信号の強度が大いに増幅されるのである。

Er
エルビウム

銀色の軟らかい金属であるエルビウム。光ファイバーに添加することで光信号は大幅に強められるのが特徴で、高速インターネット社会を支えている。
©アフロ

ツリウムは、エルビウム同様、
光ファイバーに添加すること
で増幅器のはたらきをする。
©アフロ

ツリウム

ランタノイドでとくに希少な元素

原子量	168.93421
融点	1545℃
沸点	1950℃
密度	9321kg/m³

ツリウムは明るい銀白色光沢を持つ軟らかい金属で、空気中では適度に安定しているが、熱水や酸には可溶だ。ランタノイドのなかでも、とくに希少な部類に入る元素で、地殻に含まれている割合は２００万分の１程度ともいわれている。つまり、１トンの塊のなかにたったの０・５グラムほどしか存在していないということである。

エルビウムと同じく光ファイバーの光増幅器にも活用され、エルビウムを添加した増幅器では対応できない波長帯の光をカバーするのにひと役買っている。また、放射線を吸収したあと、加熱すると蛍光を発する性質を利用して、放射線量計に用いられる。

また、ホルミウムの項で登場したホルミウムレーザー同様、ツリウムレーザーとしても医療の現場などで使用されている。この２つのレーザーはイットリウム、アルミニウム、ガーネットを用いた固体レーザーであるＹＡＧレーザーの一種で、添加される元素によって違った発光波長を持つようになるのだ。緑色に発光する蛍光体としてアーク灯を作成する際にも使われるなど、希少であるにもかかわらず、用途は多岐にわたっている。

原子番号 70

Yb

Ytterbium

イッテルビウム

Y・Tb・Erと間違えそうな元素

原子量 173.04

融点 824℃

沸点 1193℃

密度 6965kg/m³

イッテルビウムは銀白色の金属で、空気中では表面が酸化される。水には水素を発生させながら徐々に溶け、酸や強塩基とも反応し、動物実験では発ガン性を示す性質がある。名称は、発見されたスウェーデンの村の地名「イッテルビー」にちなんでつけられたものだが、同じ地でイットリウム・テルビウム・エルビウムも発見されたため、元素名が非常に似ており混同しないように注意したいところだ。

この元素もYAGレーザーの一種であるイッテルビウムレーザーに活用されている。金属板材やシリコンウエハーなどの切断に利用され、パルスレーザー（細かい時間間隔で点滅をくり返すレーザー）により薄板を複雑な形状に切断できるなど安定性が高く、精密機械加工にも向いている。イッテルビウムは、ステンレス鋼に添加すると、結晶粒を微細化して均一化を図り、強度や力学的性質を向上させるはたらきを持っている。このようなイッテルビウム合金は、まれに歯科医療の分野でも利用されている。さらにイッテルビウムはガラスや陶磁器の着色剤（黄緑色）としても用いられている。

Yb
イッテルビウム

銀白色の金属である
イッテルビウム。ガラス
を黄緑色にする着色
剤という一面がある。

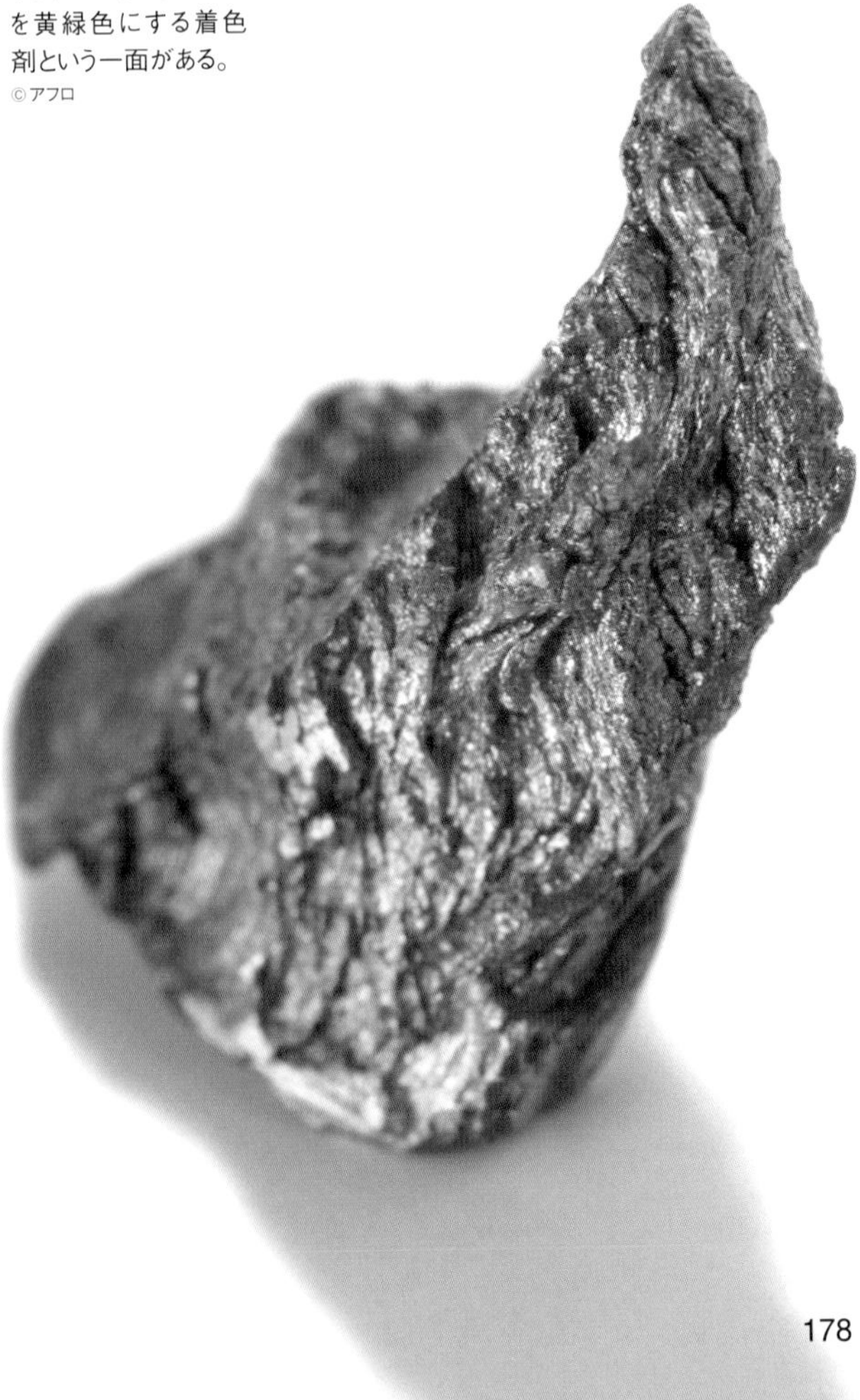

銀白色したルテチウム。名前は、パリの古名（ローマ時代）であるルテシア（Lutetia）に由来する。

原子番号
71

Lu

Lutetium

ルテチウム

希少かつとても高価な金属

原子量	融点	沸点	密度
174.967	1663℃	3395℃	9840kg/m³

ルテチウムは銀白色（灰色）で空気中では表面が酸化される金属だ。水とは徐々に反応して熱水で分解、酸に溶ける性質を持つ。ツリウムと同様、またはそれ以上にランタノイドでは希少な元素といわれ、地球の地殻中には1トン当たり0・5ミリグラムほどしか含まれていない。ちなみに、ランタノイド元素における天然の存在量ではプロメチウムが最少だ。放射性元素で崩壊してしまう特性を考えると、容易に想像できるだろう。ルテチウムは、精製時にほかの元素との分離に困難をともなうため、その希少性と相まって取引価格が非常に高い水準にあり、金と比較しても高価な金属だ。

同位体のルテチウム176は半減期が378億年と長いため、隕石や古い地層の年代測定に用いられる。この同位体はハフニウム176へと変化するため、この放射年代測定にはルテチウム―ハフニウム法と呼ばれている。また、セリウムを添加したケイ酸ルテチウム結晶（Lu_2SiO_5）が、ガン細胞の早期発見などに役立てられている、陽電子放射断層撮影（PET）の検出器に活用されている。

原子番号 72

Hf

Hafnium

ハフニウム

中性子を吸収する制御棒に利用

原子量	178.49
融点	2230℃
沸点	5197℃
密度	(液体) 12000kg/m³ (固体) 13310kg/m³

ハフニウムは地殻中に豊富に存在しながらも、１９２２年から翌23年にかけてと、かなり遅い時期に発見された元素である。周期表では直前にランタノイド元素があり、ランタノイド収縮という現象のためにハフニウムのイオン半径はジルコニウムとほぼ同じで、同じ4族元素で化学的性質も極めて似ているために発見まで時間がかかった。ジルコニウム鉱物には必ず含まれているが、両者の分離は全元素のなかでもっとも困難で、X線分析と分別結晶を繰り返してようやく単離することができる。発見したボーア研究所の所在地であるコペンハーゲンにちなみ、同地のラテン呼称であるハフニアが元素名の由来となった。

ハフニウムは中性子吸収率が極めて高く、原子炉の制御棒の主要部材に使われている。また、融点と耐腐食性が高く、誘電率も優れている特性を利用して、プラズマトーチの先端部に埋め込まれるボタンとして有用性が高い。ハフニウム自体は地味な銀白色だが、陽極酸化によって青みがかった美しい光沢を生み出すこともできる。なお、人体の必須元素ではないので、酸化物やハフニウム塩を摂取してもほとんど吸収されず、影響もない。

やや黄ばんだ銀色をしている金属のハフニウム。中性子をよく吸収する性質から、原子炉の制御棒に使われる。

Hf
ハフニウム

Ta
タンタル

鈍い金属光沢を持つタンタル。レアメタルだが、携帯電話ほか、あらゆるデジタル機器に利用され、いわば現代生活に必要不可欠な元素である。

原子番号
73
Ta
Tantalum

タンタル

現代文明を支える丈夫な金属

原子量	180.9479
融点	2985℃
沸点	5510℃
密度	16654kg/m³

神々の怒りを買い、永遠に飢餓の責め苦を負わされることになったギリシャ神話の半神タンタロス。この神話から生まれた「ジリジリ苦しめる」という意味の英語が元素名になったタンタル。これは、ニオブ（Nb）と化学的性質が似すぎているために、1802年にスウェーデンのエーケベリが発見してから分離方法を確立するまで、半世紀以上も世界中の科学者がタンタロスのごとく苦しんだからである。現在では錫の精錬時に、その副産物として工業的に産出される。

タンタルは鈍い光沢を持つ銀色の金属で、タングステン（W）、レニウム（Re）に次いで融点が高い。また酸化しにくく丈夫で、ほとんどの物質と反応しないことから、白金（Pt）の代用品としても使われる。産出地域が限られたレアメタルだが、静電容量の高さを生かしたコンデンサーの素材として普及し、携帯電話をはじめとするあらゆるデジタル機器に組み込まれている。また、展性と延性に優れ、人体にもほとんど影響しないことから、人工骨の接合ボルトや頭蓋骨形成術用のプレートの素材としても使用されている。

原子番号
74
W
Tungsten

タングステン

切削機器に不可欠なハードな金属

原子量	183.84
融点	3407℃
沸点	5555℃
密度	19300kg/m³

元素名はスウェーデン語の「重い石（Tungsten）」に由来する。1781年、スウェーデンのシェーレが灰重石（$CaWO_4$）と呼ばれる鉱石から単離に成功して存在が明確になった。しかし、シェーレによる発見以前に、錫鉱石の精錬時に錫と反応して複雑な化合物をつくる「ウォルフラマイト（Wolframite）」という名でその存在が経験的に知られていたことから、タングステンの元素記号にはTuではなくWがあてられた。

タングステンは身近な金属で、全元素中でもっとも高い融点を生かして白熱電球のフィラメントに使っていて、蛍光灯やLED主流の現在でも一定の需要は残っている。純粋なタングステンは軟らかいが、不純物、とくに炭素を加えると劇的に硬度が増す。炭化タングステンとコバルトを混合させた「超硬合金」は耐久性を要する部品や切削機械のドリルなどに広く使われている。また、砲弾にも利用される（湾岸戦争ではタングステンの代用品の劣化ウラン弾による放射能被害があった）。医療面では、タングステン酸アンチモンアンモニウム（HPA23）の応用によるガン抑制の効果が期待されている。

W
タングステン

銀灰色をした、とても硬く重たい金属であるタングステン。融点は全元素でもっとも高い3407℃。名前はスウェーデン語の「重い石（Tungsten）」に由来する。

銀白色をした、もっとも硬い金属で
あるレニウム。ジェットエンジンのター
ビンブレードなどに使われている。

原子番号
75
Re
Rhenium

レニウム

ニッポニウムになり損ねた元素

原子量	融点	沸点	密度
186.207	3180℃	5596℃	21020kg/m³

レニウムは最後に発見された安定元素であり、1925年、ドイツのノダック、タッケの共同研究で確認された。実際には1908年に日本の小川正孝（のちの東北大学総長）が発見していたが、計算ミスから「43番元素のニッポニウム」として発表してしまい、追試験での存在確認も失敗したため、幻の元素となってしまったいきさつがある。

レニウムはモリブデン鉱石に微量に含まれるだけで、レアメタル中のレアメタルというべき元素である。タングステンに次いで融点が高いが、この特性はほかの金属との合成でより強化される。ニッケルにレニウムを3～6％含有させたスーパーアロイは、ジェットエンジンやロケットなどのタービンブレードに不可欠だ。年間産出レニウムの7割以上が最新鋭ジェット戦闘機のエンジン製造に使われている。稀少量や用途の特殊性から極めて高価で、1トロイオンス（約31グラム）で数万円する。単独鉱石は存在しないと考えられていたが、1994年、北方領土の択捉島茂世路岳（もよろだけ）にて最初のレニウム鉱物であるレニウム鉱（二硫化レニウム）が発見され、関係者を驚かせた。

原子番号
76
Os
Osmium

オスミウム

独特のオゾン臭は死の香

原子量	190.23
融点	3045℃
沸点	5012℃
密度	22590kg/m³

オスミウムは1803年、イギリス人研究者テナントが発見した。反応性が高い元素で、金属塊の状態で200℃、微粉末状にすると常温でも酸化が始まる。しかも重金属にはめずらしく四酸化オスミウムは揮発性で、ガスがオゾンのような刺激臭を放つことから、ギリシャ語の「臭い」を語源とする名前が付けられた。ただしこのガスは極めて毒性が強く、吸引や接触は避けなければならない。とくに目に触れると重度の結膜炎を引き起こすので、取り扱いには細心の注意を要する。ただし、酸化しやすい性質を利用して有機合成における酸化剤や、生物組織の顕微鏡観察の際に染色剤として広く使われている。

単体では存在せず、白金鉱のなかにイリジウムとのオスミリジウム合金として発見される。この2つは全元素中でもっとも密度が高い仲間で、オスミリジウムはレコード針や万年筆のペン先、電気スイッチの接点などに使われている。オスミウムはありふれた金属にしか見えないが、実は銀色でも灰色でもないめずらしい色の金属であり、純粋なオスミウムにうまく光線を当てると青みがかった本来の光沢が楽しめる。

青みを帯びた銀色に輝くオスミウム。
白金鉱のなかにイリジウムとのオスミ
リジウム合金として産出される。

オスミウム **Os**

イリジウム

明るい銀白色をしたイリジウムは、もっとも腐食されない金属だ。また、恐竜絶滅が、巨大隕石の衝突によるものだとする学説を裏づける元素として知られている。

原子番号
77
Ir
Iridium

イリジウム

恐竜絶滅の謎を解いた稀少金属

原子量
192.217
融点
2443℃
沸点
4437℃
密度
22560kg/m³

1803年、オスミウムといっしょにテナントによって発見された。オスミウムが比較的地味であるのに対し、イリジウムは、その化合物が多彩な色を呈することから、ギリシャ神話の「虹の女神イリス」にちなんで命名された。

純粋なイリジウムは、全元素のなかでもっとも腐食されにくく、熱した王水（濃塩酸と濃硝酸の混合液）にさえ簡単には溶融しない。この安定性からイリジウムはキログラム原器とメートル原器の素材として使われてきた。また、用途としてはオスミウムの項で説明したとおり、耐摩耗性に優れたオスミリジウム合金として使用されている。

イリジウムは地殻含有量が低いものの、隕石には高密度で含まれることがわかっている。イリジウムが恐竜絶滅時代のK－T境界線と呼ばれる地層から大量に発見されたことから、約6500万年前の恐竜絶滅の主要因が巨大隕石の衝突によるものとの学説を後押ししている。1997年にモトローラ社が開始した「イリジウム」携帯衛星電話サービスは、当初77個の通信衛星を運用する計画だったことから、原子番号にちなんで命名された。

原子番号
78
Pt
Platinum

白金

触媒として不可欠な有用元素

原子量	195.084
融点	1769℃
沸点	3827℃
密度	21450kg/m³

白金は、南米コロンビアで工芸材料として古くから使われていたが、科学的には1751年、イギリスのワトソンが論文にしたことで元素として確認された。

銀に似た外見から「銀の小粒」を表すスペイン語が元素名となり、日本語の「白金」はWhite Goldという英語名に由来している。ただし、現在使われているWhite Goldは、金とニッケルやパラジウムとの合金を指す。宝飾品として金のうえにプラチナが置かれるように、貴金属としての需要は大きい。生体必須性はないが、白金化合物のシスプラチンは、制ガン剤として有名で、睾丸腫瘍や卵巣ガンなどの化学療法に広く用いられている。

白金は王水にも溶けず、耐熱性に優れ、化学的にもっとも不活性な金属であるため、実験用のルツボやフィルターとして優れた素材である。また、化学反応における触媒能力が高く、原油の精製や、自動車の排ガス浄化装置に使用されているだけでなく、酸素と水素を反応させて発生する電力で走る燃料電池自動車の触媒としても有力視されている。ただし高価で供給が限られているため、白金の代替品開発が世界中で急がれている。

Pt
白金

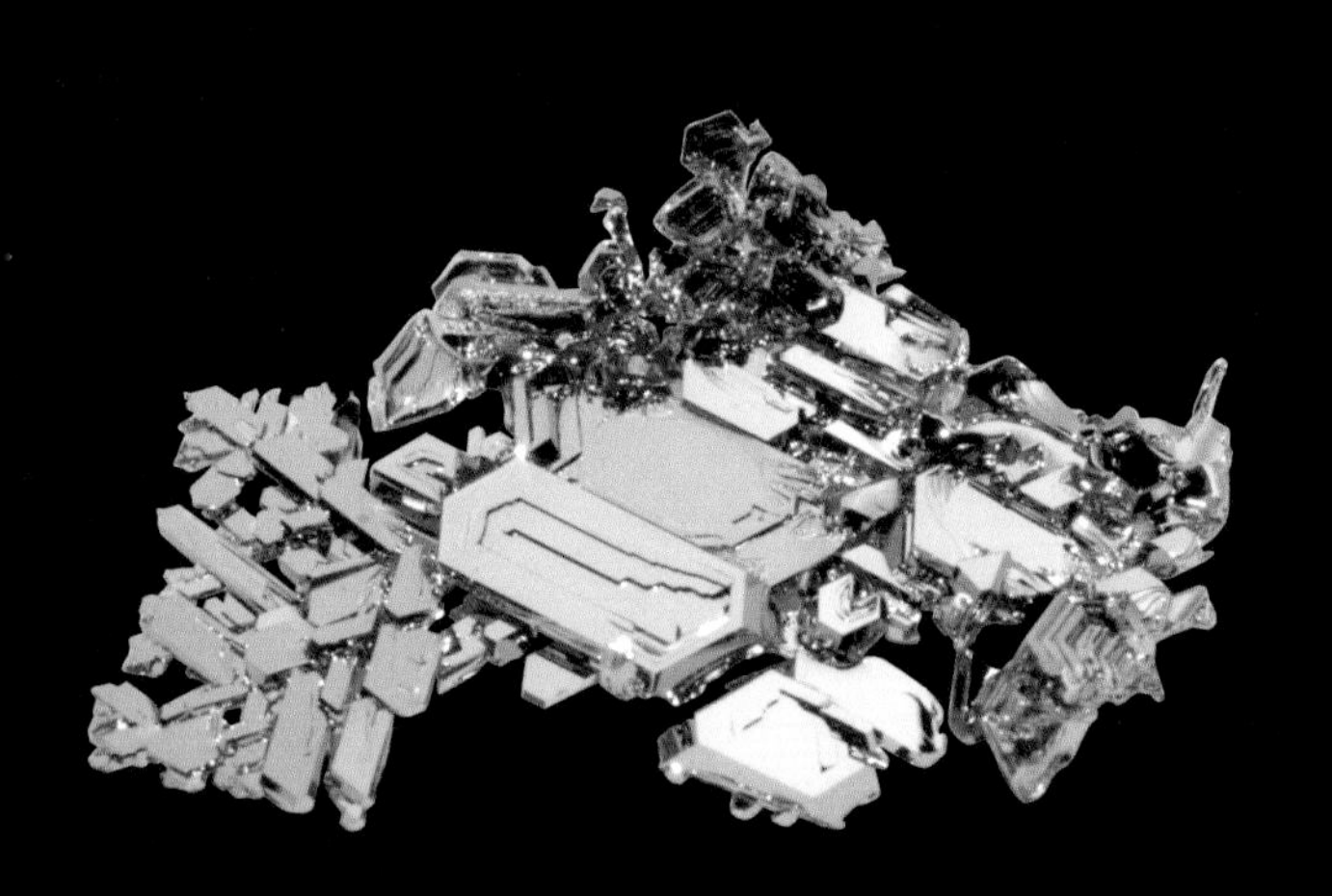

やや黄色みがかった銀白色をしたプラチナ。密度が高く化学的にも安定しており、その光沢が失われることはない。貴金属として重宝される理由がわかろう。

トロイアの遺跡を発見した、ドイツ人考古学者シュリーマンによってミケーネの縦穴墓で発見された葬儀用の金の仮面（紀元前1550～1500年）。死者の顔の上で発見された。シュリーマンは、伝説上のギリシアの指導者アガメムノンの死体と考えたが、真相はなぞに包まれたままである。アテネの国立考古学博物館所蔵。

Au
金

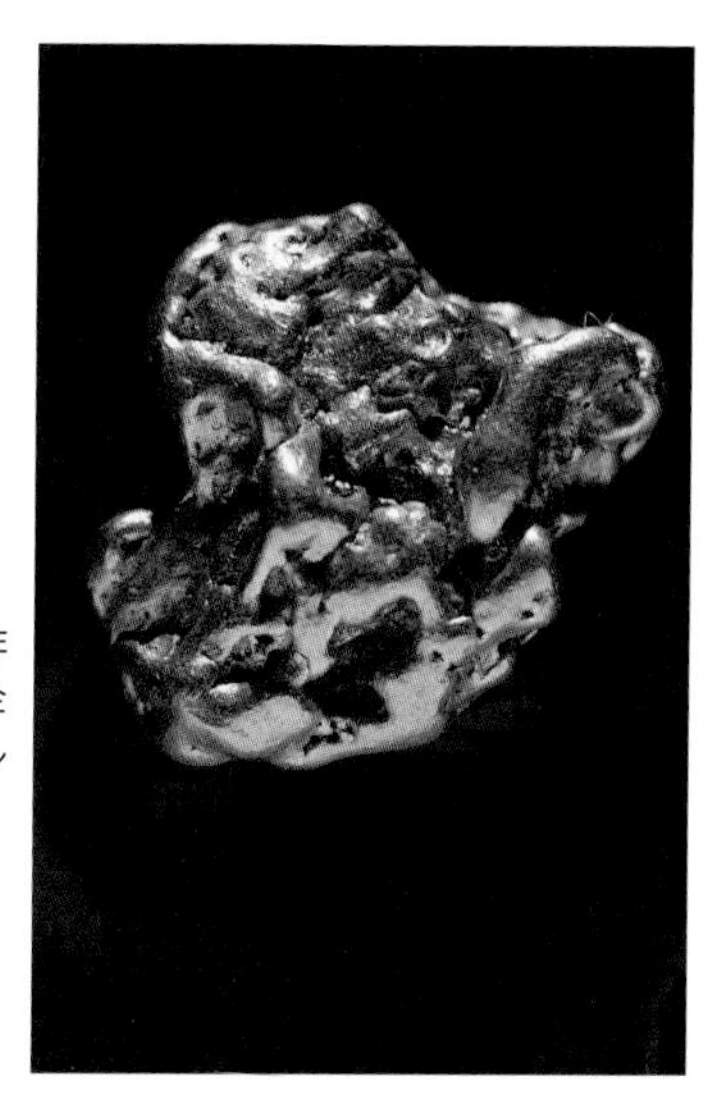

密度が高く化学的に非常に安定している金（金塊）。文字どおり、美しい金色に輝いている。

原子番号
79
Au
Gold

金

永遠の輝きを放つ金属の王者

原子量	196.96655
融点	1064.4℃
沸点	2857.0℃
密度	19320kg/m³

金はイリジウムや白金ほど不活性ではなく、王水や青酸イオン溶液には溶けてしまう。それでも通常の酸やアルカリには反応せず、単体で自然界に存在し、なにより化合物ではなく元素自身が生み出す「黄金」の永遠の美しさによって、王権や富の象徴として、紀元前3000年紀の古代より愛されてきた。なお、元素記号はオーロラや太陽の輝きの美しさをあらわすラテン語Aurumに由来する。

延性と展性に極めて優れていることが金の価値を高めているが、実際、わずか1グラムの金から長さ3000メートルの金糸がつくれ、金箔であれば元素500個分の厚さ0・0001ミリメートルまで延ばすことができる。工業的にも電気伝導性が高くて腐食しにくい特性から、携帯電話や集積回路の部品にも多用されている。金を王水に溶解し、スズを加えてガラスに溶かし込むと金赤ガラスができる。医療分野では金歯のような歯科治療素材が真っ先に思いつくが、ほかにも抗リウマチ剤としての効用が19世紀から確認され、現在でも金チオグルコースの誘導体であるオーラノフィンがリウマチの経口薬として普及している。

原子番号
80
Hg
Mercury

水銀

魔除けの水銀朱

原子量	融点	沸点	密度
200.59	-38.8℃	356.6℃	（液体）13546kg/m³ （固体）14193kg/m³

融点がマイナス38・8℃と低い水銀は、常温下で液体として存在する唯一の金属だ。元素名は、ローマ神話で神々の伝令役を果たすメリクリウス（ギリシャ神話のヘルメス）に由来する。すばやく、あちこちに出没する様が、サラサラと流れる水銀の流動性と同一視されたのであろう。元素記号はラテン語の「水」と「銀」の組み合わせで、英語ではQuick Silverとも呼ばれる。水銀は膨張係数が高く広い温度範囲でほぼ一定の膨張率のため、昔から温度計や体温計に利用されている。天然には辰砂（しんしゃ）（硫化水銀）として産出し、1～4世紀の欧州の本には水銀の製造法が記されている。赤色顔料は水銀朱と呼び、古墳の石室に魔除けや死者の再生を願って塗られた。朱肉や日本画の岩絵の具として広く使われている。

水銀とほかの金属を混ぜるとアマルガム合金ができる。奈良の大仏は、金アマルガムを大仏に塗布（とふ）したあと炭火の熱で水銀を蒸発させた金メッキが施されている。ただし気化した水銀が人体に入ると中枢神経障害を引き起こす。有機水銀はさらに危険で、日本では工業廃水中のメチル水銀が公害水俣病の原因となり、多くの人が苦しんだ。

水銀 Hg

常温で唯一、液体の金属である水銀。美しさとは裏腹に、気化した水銀が体に入ると中枢神経障害を引き起こすなど、取り扱いには注意が必要だ。

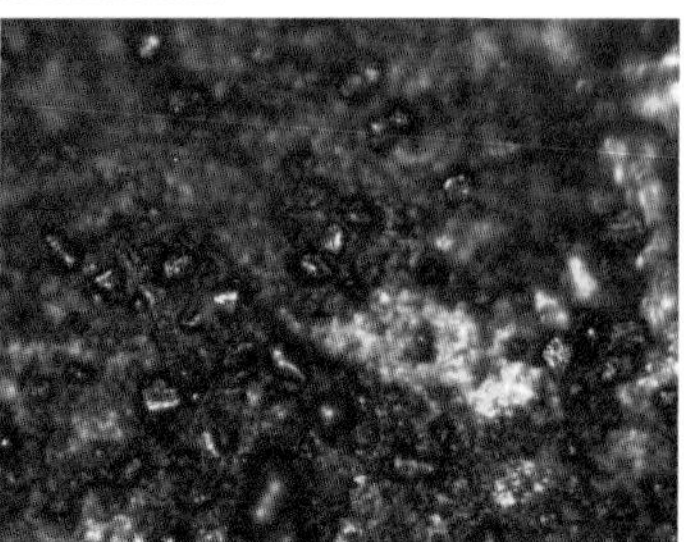

尾形光琳・国宝『紅白梅図屏風』の「紅梅の花弁部分」は辰砂（硫化水銀）の鉱物が使われていた。1000倍のデジタル顕微鏡写真（右）で、辰砂の結晶が見える。MOA美術館所蔵。

▲倍率1000倍の画像

Tl
タリウム

銀白色をした軟らかいタリウムだが、化合物はとりわけ毒性が強い。硫酸タリウムや酢酸タリウム、硝酸タリウムなどは「毒物および劇物取締法」により劇物指定を受けている。

原子番号 81

Tl

Thallium

タリウム

ナイフで切れる軟らかい猛毒

原子量	204.3833
融点	303.5℃
沸点	1473.0℃
密度	11850kg/m³

1859年にドイツ人科学者キルヒホッフとブンゼンが分光器を発明すると、元素のスペクトル分析が可能になり新元素の発見が相次いだ。銀白色をした軟らかい金属であるタリウムは、1861年にイギリスのクルックスとフランスのラミーがほぼ同時に発見し国家間の威信を賭けた争いになったが、クルックスが第一発見者として決着している。

緑色の炎光スペクトルから「新緑の小枝」というギリシャ語がタリウムの元素名になったが、語源に似つかぬ強力な毒性を持っている。タリウムを服用するとすみやかに消化管から吸収され、遅くとも24時間で嘔吐や感覚障害を起こし、やがて呼吸、循環障害から死に至る。化合物にするとさらに即効性と毒性が増し、殺鼠剤や殺虫剤として使われるほか、暗殺道具として多用されてきた。毒性が不明な19世紀には脱毛剤に使われた。

ただし、放射性同位体のタリウム201は、心筋の細胞膜やガン細胞に取り入れられやすい性質があり、造影剤として医療の現場で役立てられている。また工業的には、放射線に感光する塩化タリウムがガンマ線測定装置の検出器として使われている。

原子番号 82

Pb

Lead

鉛

便利だが有毒性が嫌われ悪者扱い

原子量
207.2

融点
327.5℃

沸点
1750.0℃

密度
（液体）
10678kg/m³
（固体）
11350kg/m³

鉛は金、銀、銅や鉄と並び古代から広く利用されてきた有用金属の代表格である。水道管として大規模に使用した古代ローマの例が有名で、元素記号Pbもラテン語で鉛を表すplumbumに由来するが、語源は不明で、それほどに古い金属ということなのだろう。日本では常温でも加工しやすい「生り」が転じて鉛と呼ばれるようになった。

ガラスの材料としても重要で、日本では奈良時代に鉛と石英から鉛ガラスがつくられ、正倉院の宝物には鉛ガラスと、その原料の鉛丹（えんたん）がある。平安時代になると、それにカリウムを加えたカリ鉛ガラスがつくられ、平等院や中尊寺の飾りに使われた。薩摩切子や現代のクリスタルガラスもカリ鉛ガラスで、屈折率が高く美しいことから、アクセサリーにも用いられる。スズと鉛の合金のハンダや自動車用として鉛蓄電池が広く使われている。

顔料としては、スズ酸鉛（$PbSnO_3$）が黄色顔料として黄色ガラスに古墳時代から使われている。鉛の生体必須性は証明されていない。過剰摂取により中毒症状を示し、ヘモグロビン合成を阻害するなど人体への毒性が強いため、代替金属への移行が急がれている。

国宝・平等院鳳凰堂『阿弥陀如来』の台座から見つかった鉛ガラス（左の5つ）とカリ鉛ガラス（右の6つ）。平等院ミュージアム所蔵。

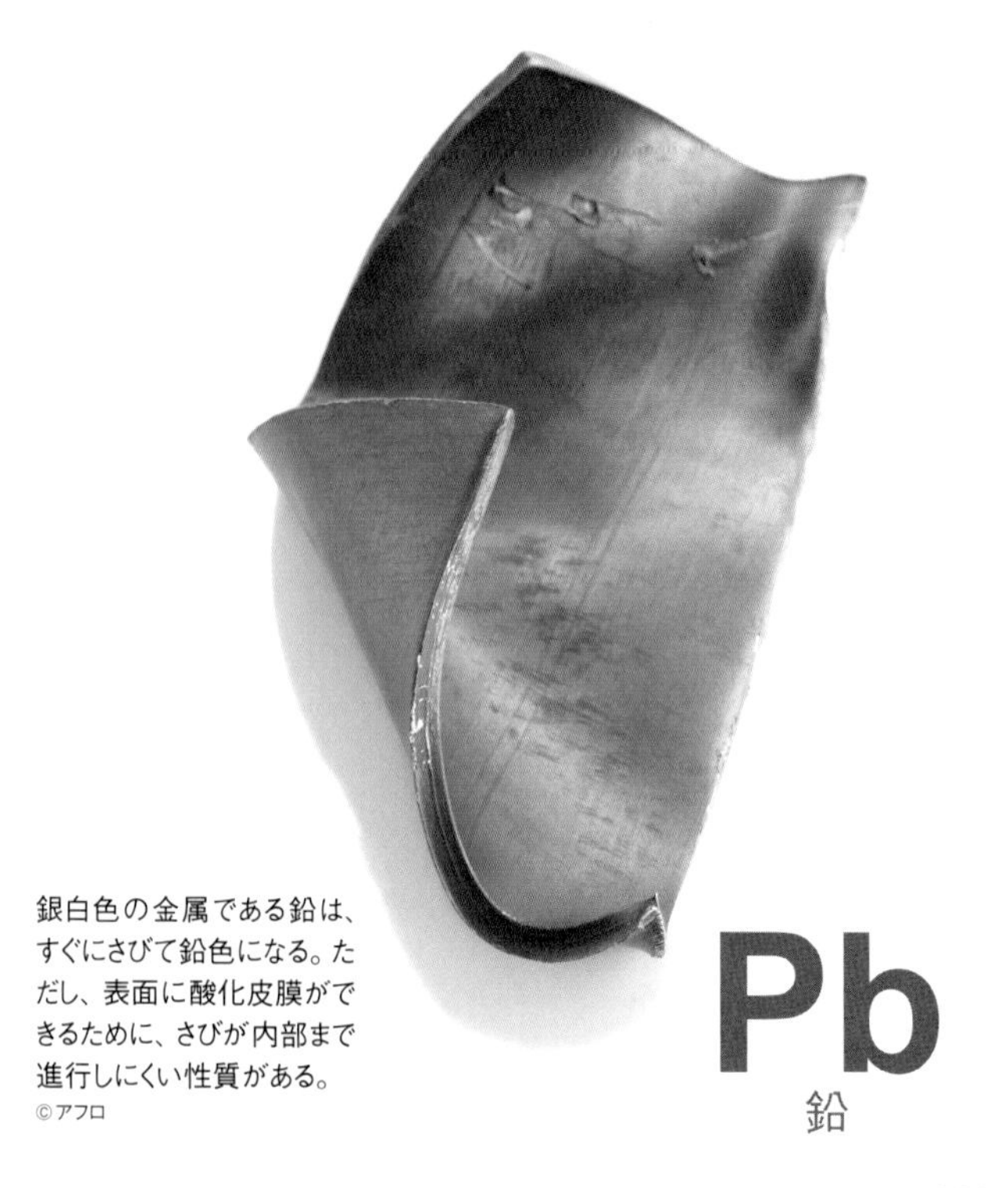

銀白色の金属である鉛は、すぐにさびて鉛色になる。ただし、表面に酸化皮膜ができるために、さびが内部まで進行しにくい性質がある。

Pb

鉛

液体のビスマスは、冷却されると美しい幾何学的な結晶をつくる。同時に、空気中の酸素に酸化されることで、虹色の被膜をつくりやすい性質がある。

©アフロ

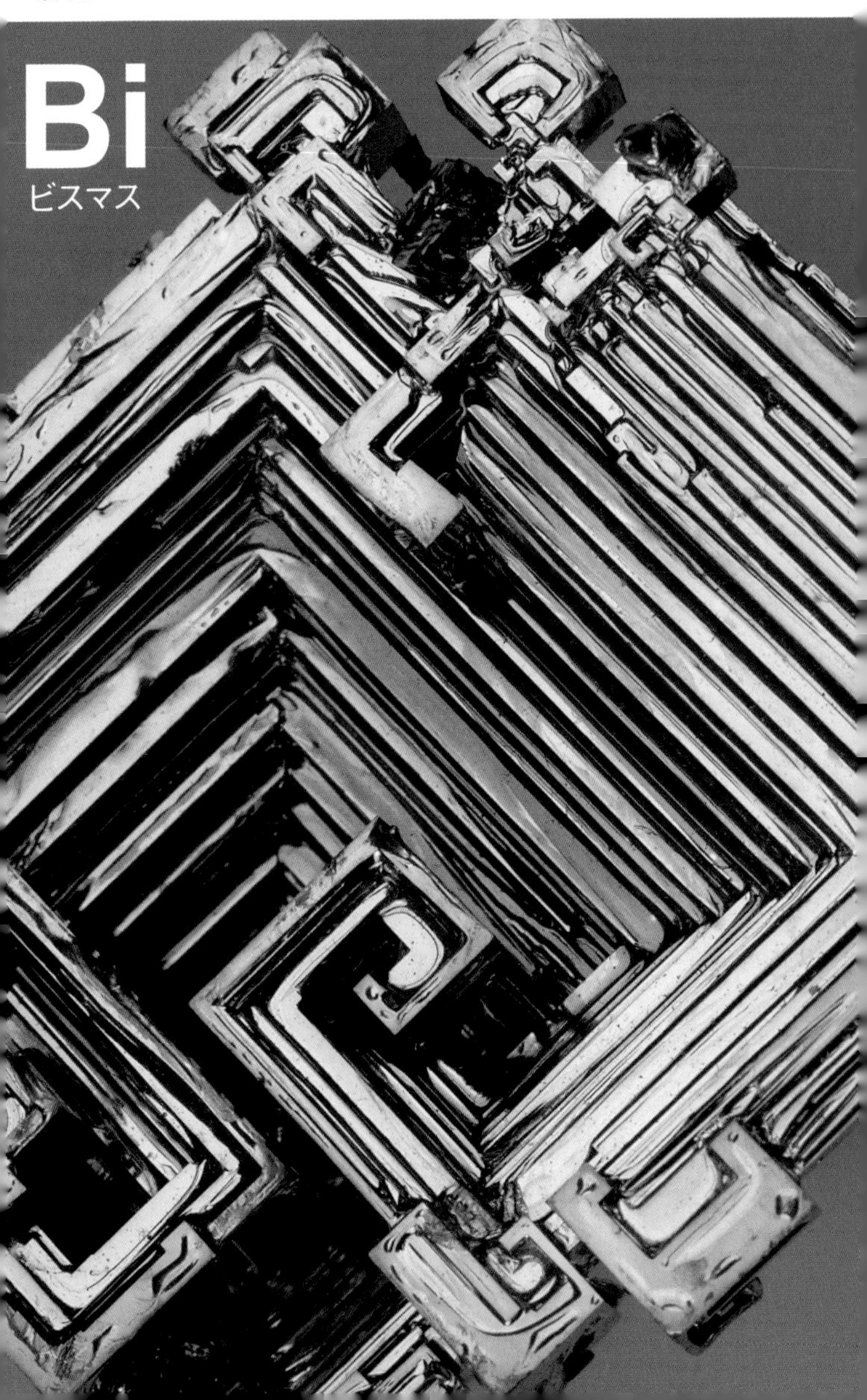

原子番号
83
Bi
Bismuth

ビスマス

整腸剤になる放射性同位体

原子量
208.98038
融点
271.4℃
沸点
1561.0℃
密度
（液体）10050kg/m³
（固体）9247kg/m³

きわめてもろい結晶が美しい、銀白色の光沢を放つビスマスは、15世紀のルネサンスの時代から存在が知られ、稀代の錬金術師パラケルススはアンチモンの一種と考えていた。科学的に発見されたのは1753年、フランスのジェフロアによる。ビスマス鉱脈の下からは銀鉱脈が発見されることが多く、「銀の屋根」との異名もある。

原子番号84番以降は放射性同位体であることから、ビスマスは長い間、最後の安定元素として扱われてきた。しかし、ビスマスが安定同位体ではあり得ないことも古くから理論的に予想されていた。2003年には、ビスマス209の半減期が1900京年と判明。宇宙年齢の10億倍という数字が導き出された。鉛やスズ、カドミウムと合金化すると、70℃ほどで溶融するウッド合金がつくられ、火災警報機の栓などに加工される。また、液体窒素温度で使える超伝導材料としても期待されている。ほかでは、次硝酸ビスマスが止瀉（ししゃ）薬（やく）に使われている。腸の粘膜のタンパク質と結合して保護膜をつくる作用や、下痢を引き起こす硫化水素と反応して硫化ビスマスとなる性質を利用し整腸作用を補うのである。

原子番号 84
Po
Polonium

ポロニウム

猛毒すぎる放射性物質

原子量	融点	沸点	密度
(210)	254.0℃	962.0℃	9320kg/m³

ポロニウムは銀色をした昇華性を持つ放射性元素で、キュリー夫妻が発見した。天然ではウラン鉱石にごく微量ながら存在し、1キログラム当たり0・07マイクログラム以下という含有量だ。もっとも広く利用されている同位体はポロニウム210。放射能が非常に強く、放出されるアルファ線はウランの100億倍にも達する。体内に取り込まれても問題が生じないポロニウムの量はわずか1兆分の7グラムとされており、その毒性はすさまじい。2006年11月、イギリスで発生した元ロシア情報部員アレクサンドル・リトビネンコの不審死事件において、彼の尿からポロニウム210が検出され話題になった。

用途としては原子力電池が挙げられる。ポロニウム210の原子核が崩壊して放出するα線が、物質に吸収されて発生した熱を電力に変換するしくみだ。崩壊熱を熱源として利用する場合もあり、1973年に打ち上げられたソビエト連邦の月探査機ルナ21号などにも採用された。また、放射されるα線はプラスの電荷を帯びているので、写真乾板(かんぱん)や紙ロール、繊維などから静電気を除去するポロニウムブラシとしても用いられている。

1898年、キュリー夫妻は、写真のような瀝青ウラン鉱物から放射性元素のポロニウムとラジウムを発見した。
©アフロ

原子番号
85

At
Astatine

アスタチン

きわめて不安定で謎に満ちた元素

原子量	融点	沸点	密度
(211)	302.0℃	337.0℃	—

アスタチンは天然でもっとも存在量が少ない元素だ。非常に不安定な放射性元素で、半減期が最長のアスタチン210でもわずか8・1時間という短さ。ほとんどの同位体の半減期は分や秒単位で、最短は0・125マイクロ秒である。昇華性と水溶性を持ち、金属と非金属の中間のような性質を有し、色はおそらく黒色もしくは金属色だろうといわれている。実はその不安定さゆえに、化学的あるいは物理的性質があまり解明されていないのだ。天然での存在が確認される以前に、ビスマスにアルファ粒子を当てることで人工的につくり出されたのがアスタチンの発見とされており、名称もギリシャ語の不安定を意味する「アスタトス」が語源とされるなど、いかに不安定な元素かがわかる。

希少であるがゆえに研究目的でしか使われていないアスタチンだが、ガン治療に向いているのではないかと研究が行われている。細胞を破壊するための高エネルギーを持つアルファ線を放出する特徴があるからだ。ガン細胞への直接照射を可能にするために、細胞とアスタチンを結びつける、いわば運び屋のような媒介物質の研究が進められている。

原子番号
86

Rn
Radon

ラドン

放射性を有する重い気体

原子量	(222)
融点	-71.0℃
沸点	-61.8℃
密度	—

ラドンは希ガスでもっとも重い無色・無臭の気体だ。ウランやトリウムなどが崩壊する過程で発生し、その存在量も多い。放射性同位体しか存在せず、もっとも安定なラドン222でも半減期は3・8日。肺ガンを引き起こすリスクが指摘されており、とりわけウラン鉱山で作業する場合は、発生する高濃度ラドンへの注意が必要不可欠である。

水溶性を有していることから温泉や地下水に溶け出しており、「ラドン温泉」として有名だ。なお、温泉地でのラドン濃度は、人体には問題がない低濃度なのでご安心を。日本では鳥取県の三朝（みささ）温泉、兵庫県の有馬（ありま）温泉などがあり、痛風や高血圧症などに効果があるとされている。低線量の放射線は人体にいい影響を与える、という放射線ホルミシスが提唱されているが、解明はされていない。また、地震予知への利用が研究されている。地震前に誘発された地殻中の亀裂が地下水と岩石との接触面積を増減させることで、地下水中のラドン濃度が変化するという考えが根幹だ。実際、阪神淡路大震災の10日ほど前からラドン濃度の急上昇を捉えられたのだが、こちらも解明には至っていない。

原子番号
87
Fr
Francium

フランシウム

もっとも不安定な天然元素

原子量	(223)
融　点	約27℃
沸　点	677℃
密　度	—

フランシウムは、アルカリ金属でもっとも重い放射性元素だ。天然で発見された元素としてはもっとも遅く、１９３９年、キュリー研究所のマルグリット・ペレーによる。

半減期がきわめて短く、最長のフランシウム２２３でも約22分。アスタチンよりも短く、天然に存在する元素でもっとも不安定といえる。存在量も非常に少なく、アスタチンと同水準かそれ以下で、地球上に20から30グラムしか存在していないとさえいわれている。ちなみに「天然」と特記するには理由があり、元素のなかには人間の手によってのみつくり出される元素があるということだ。融点は計算上27℃付近とされているが、放射性元素として発する熱によって液体の状態で存在していると考えられている。

半減期が極めて短く不安定なため、もっぱら研究にしか使用されていない。ターゲットである金に酸素ビームを照射することで核反応を起こしてフランシウムを合成する。近年、遷移する際に放つ発光をカメラでとらえられるほどの原子集合体を合成させることに成功しているが、質量を計測するために十分な量を合成するまでには至っていない。

原子番号
88
Ra
Radium

ラジウム

夜光塗料として重宝されたが…

原子量	融点	沸点	密度
(226)	700℃	1140℃	5000kg/m³

ラジウムは白色のアルカリ土類金属で、空気にさらすと容易に酸化され黒色に変化する。放射性同位体しか存在せず、もっとも一般的なラジウム226の半減期は1601年と周期表で隣り合うフランシウムに比べると極端に長い。ウラン鉱石中に少量含まれており、キュリー夫妻によって発見され、元素名はラテン語のradius（ray=放射線）に由来。

よく知られている用途が夜光塗料だろう。硫化亜鉛との組み合わせは優れた夜光塗料を生み出し、20世紀初頭から半ばにかけて、時計の文字盤や航空機などの計器類に使われた。しかし、放射性が強く発ガン性を有するなどその危険性が指摘され、現在では使われていない。製造当時、時計に夜光塗料を塗る作業は手仕事で行われ、多くの女性が従事していた。塗布しやすくするために筆先をなんと唇や舌に当てて整えて作業していたという。結果ラジウムが原因で工員の女性たちが次々に死亡し、異変に気付いた作業員たちは塗料の危険性を隠ぺいした会社を相手取り提訴するに及んだ。「ラジウムガール」と世間から呼ばれた工員たちは勝訴を勝ち取ったものの、多くの命が失われてしまった。

Ra
ラジウム

1898年、フランスの科学者キュリー夫妻が、瀝青ウランのサンプルからの放射性元素ラジウム（およびポロニウム）を世界で初めて発見した。

原子番号 89

Ac

Actinium

アクチニウム

強力な放射線を出すゆえに…

原子量	融点	沸点	密度
(227)	1050℃	3200℃	10060kg/m³

アクチニウムは銀白色をした金属だ。空気中で酸化し、表面には酸化被膜ができる。すべて放射性元素であるアクチノイド（原子番号89のアクチニウムから103ローレンシウムまでの15元素）のひとつで、原子番号92のウランまでは自然界に存在する。

アクチニウムは1899年、キュリー夫妻と友人だったフランスの科学者ドビエルヌが瀝青ウラン鉱（ピッチブレンド）からウランを分離したあとの残留物中に発見した放射性物質である。

元素名は、純粋なアクチニウムが暗所において青白く光ることから、「放射線」や「光線」を意味するギリシャ語aktisに由来している。

アクチニウムは天然のウラン・トリウム鉱石のなかに微量に含まれており、強い放射線を発する。多くの同位体が知られているが，半減期のもっとも長いものはアクチウム227の21・6年。アクチニウムは、その存在量の少なさ、強力な放射線（α線）を出すことから、研究用以外にあまり用途はない。

原子番号
90

Th
Thorium

トリウム

大量に存在するアクチノイド

原子量	融点	沸点	密度
(232)	1759℃	4789℃	11720kg/m³

トリウムは、銀白色をした軟らかい金属である。代表的な天然の放射性物質で、25種の同位体すべてが放射性だ。地殻のなかに多く含まれ、その存在量はウランの約3倍で、アクチノイドとしてはもっとも多く存在している。

トリウムを含む鉱物には、モナズ石やトール石がある。そもそも、トール石から発見されたことで、トリウムと名づけられた経緯がある。

モナズ石のトリウム含有量は高く、約10%に達する。ブラジル、インド、中国には、モナズ石が存在することで被曝線量の高い場所があり、そこでは年間線量が20ミリシーベルトを超えることもあるという。

二酸化トリウムは安定な化合物で融点が3390℃と高いことから、かつては特殊るつぼ用の材料やガス灯のマントル、アーク溶接の電極などに利用されていた。また、トリウムを使った原子炉は、ウランを使った現在の原子炉より経済的で安全性が高いといわれており、研究が進められている。

トリウム **Th**

北欧の神話に出てくる雷神(Thor)に由来するトール石。トリウムはここから発見されたことから命名された。トール石の化学組成は$ThSiO_4$。

原子番号 91

Pa

Protactinium

プロトアクチニウム

猛毒な発ガン性物質

原子量	231.0
融点	1575℃
沸点	3900℃
密度	15370kg/m³

プロトアクチニウムもまた、銀白色の金属だ。アクチノイド元素のひとつで、天然のプロトアクチニウムはウラン鉱にわずかに含まれているが、分離精製は非常に難しい。

安定同位体は存在せず、同位体20種はすべて放射性だ。そのうち3種が天然に存在し、そのほかは人工的につくられたものである。

そのなかでもっとも半減期が長いのが、プロトアクチニウム231で、3万2760年。元素名は、同位体のプロトアクチニウム231が、アルファ崩壊（原子核がα線を出して崩壊すること）してアクチニウム227になることから、アクチニウムの前（プロト）という意味でつけられた。

なお、プロトアクチニウムは猛毒で、強い発ガン性を持つ。その毒性と存在量の少なさから、あまり用途はないが、プロトアクチニウム231は、海底沈殿層の年代測定に利用されている。

原子番号
92
U
Uranium

ウラン

核燃料になる同位体はごくわずか

原子量	融点	沸点	密度
238.0	1132.3℃	4172.0℃	18950kg/m³

ウランは銀白色をした金属で、最初に発見された放射性元素。ウランの原子核に中性子を当てると、核分裂を起こしてエネルギーが発生する。原子力発電所の原子炉では、ウランの核分裂反応を持続させることで莫大なエネルギーを得て発電しているわけだ。

元素名は天王星（Uranus）に由来する。自然界にあるウランのおもな同位体には、天然のウラン鉱石中に含まれるウラン235とウラン238とがある。ただし、このうち核分裂するウラン235は約0・7％しかなく、残りは核分裂しないウラン238だ。

一般的な原子炉では、ウラン235の割合を3～4％まで高めた核燃料を燃料に使っている。このウラン235の濃度を高めたものが、濃縮ウランだ。19世紀半ばには、ガラスにウランを混ぜ、黄色や緑色をした透明なウランガラスがつくられた。ウランガラスは紫外線を当てると蛍光色に輝くが、α線はほとんどガラスを透過できないので放射線量はごく小さい。かつてアメリカやヨーロッパではウランガラスのコップ、花瓶、アクセサリーなどが大量に製造され、現在でもアンティークとして人気が高い。

原子番号
93
Np
Neptunium

ネプツニウム

使用済み核燃料に含有

原子量	融点	沸点	密度
(237)	640℃	3902℃	20250kg/m³

ネプツニウムは銀白色をした展性延性に富む金属だ。なお、ネプツニウム（原子番号93）以降の元素は、ほぼすべてが人工的につくられ「超ウラン元素」と呼ばれている。ネプツニウムは、ウランに中性子を照射することでできる物質のなかから発見された。自然界でも、ウランの自発核分裂によってウラン鉱物にごくわずか存在している。原子力発電の使用済み核燃料にも、比較的多くのネプツニウムが含まれている。

ネプツニウムには19の同位体が存在するが、安定同位体はなく、すべてが放射性同位体だ。ウランと似た化学的性質を持ち、空気中で表面が酸化されやすく、塩酸には溶けないが、硝酸には溶ける。なお、元素は１９４０年に発見され、その名はウラン（天王星Uranus）に次ぐ海王星（Neptune）という周期表の並びに由来している。

ところでネプツニウムは、核兵器の爆発によっても生成される。１９５４年3月ビキニ環礁で行われたアメリカの水爆実験の「死の灰」には、ストロンチウム、ヨウ素、ウラン、ネプツニウムなど27種類の核種が含まれていたことが知られている。

U
ウラン

瓢形ウランガラス掛花入(写真上、大正時代〜昭和初期)。ガラスにウランを混ぜてつくられるウランガラスは、紫外線を当てると下の写真のようにどこか怪しく光る。MIHO MUSEUM所蔵。

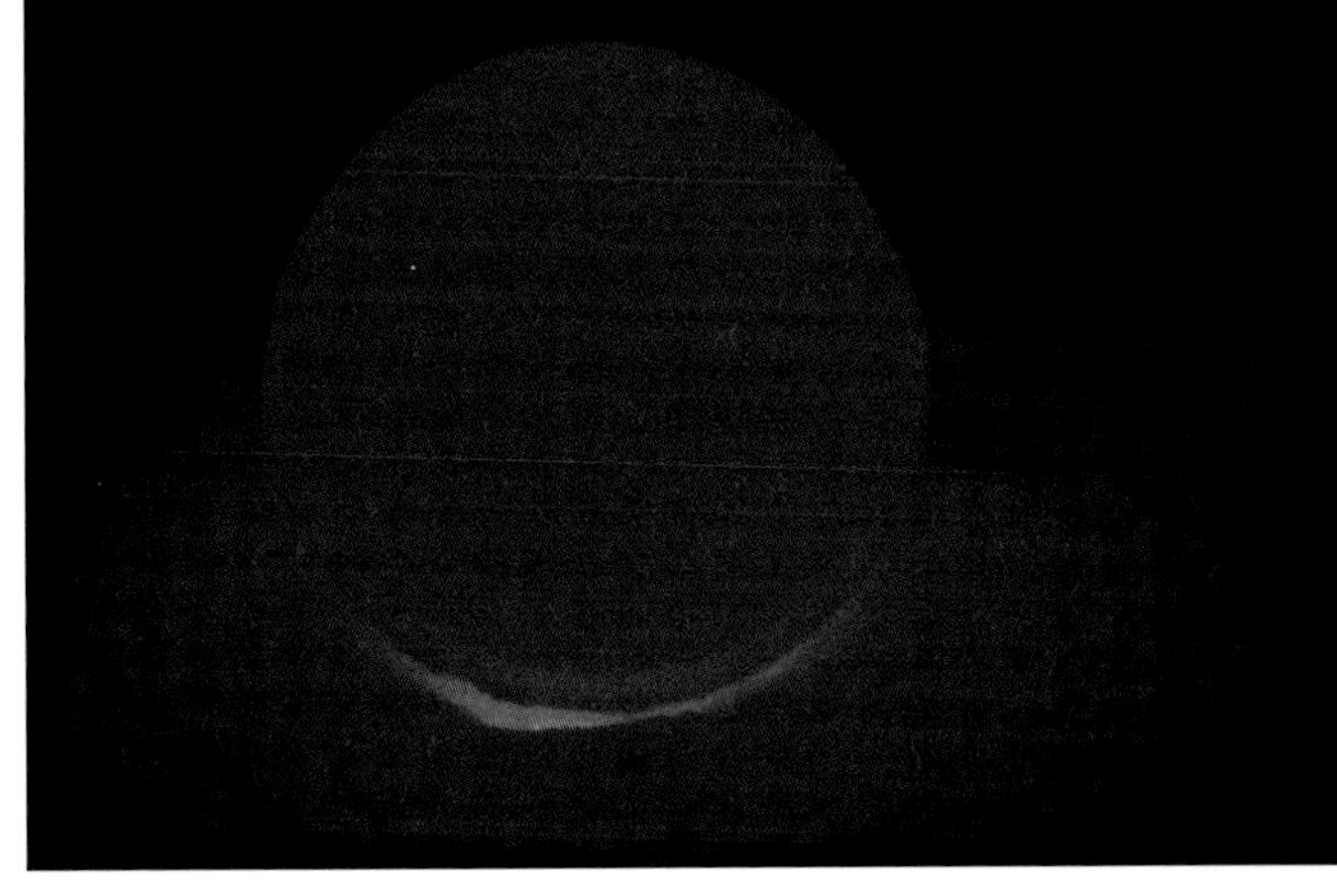

Pu
プルトニウム

中に入っているプルトニウムが放つ放射線により、真っ赤に照らされる容器。

ウラン鉱床中で産出する、重要なウランの鉱石鉱物カルノー石。

プルトニウム

兵器や電力の「核」物質

原子量	融点	沸点	密度
(239)	639.5℃	3231.0℃	19840kg/m³

プルトニウムは、ニッケルに似た銀白色の光沢を持つ非常に重たい金属だ。ネプツニウムの外側という意味で、プルトニウム（Pluto=冥王星）と命名された放射性元素である。いくつかの同位体が存在し、たとえばプルトニウム239の半減期は約2万4000年。プルトニウムとその化合物は人体に有害で、体内に蓄積されると強い発ガン性を持つとされる。なお、プルトニウム239は、原子炉のなかでウラン238が中性子の照射を受けて生成する人工の元素だ。これは、化学的に分離することが可能なため、濃縮しなくてはならないウランよりも核兵器に適した材料とされる。事実、アメリカで原爆の材料として開発され、長崎に投下された原爆の主材料はプルトニウム239である。

金属プルトニウムは、大気中では粉末状態や塊の状態でも自然発火することがあり、これまでのプルトニウム事故の多くが、自然発火によるものとみられている。わが国の核燃料サイクル計画の柱であるプルサーマル発電では、使用済み核燃料と混合させたMOX燃料（原子炉用の再生燃料）として使用されている。

アメリシウム

原子量	融点	沸点	密度
(243)	1267℃	2607℃	13670kg/m³

銀白色をした放射性金属元素。核実験によって生じるほか、原子力発電所（原子炉）でプルトニウム241がベータ崩壊することによって大量に生成する。

比較的安価なので、アメリシウム241から放出されるアルファ線が煙をイオン化して、それを電気信号にして感知する「煙感知器」や、放射線によって厚さを計る計器などに利用されている。

原子番号
96
Cm
Curium

キュリウム

原子量	融点	沸点	密度
(247)	1340℃	310℃	−

キュリウムは、偉大な科学者キュリー夫妻の名を冠した銀白色の放射性元素だ。1944年、米国の研究チームがサイクロトロン加速器でプルトニウムにα線を衝突させ生成に成功した。化学的性質はガドリニウムに似ている。米国の月探査ロケットのサーベイヤー5号に搭載されたα線散乱分析装置のα線源として用いられ、貴重な分析結果が得られた。

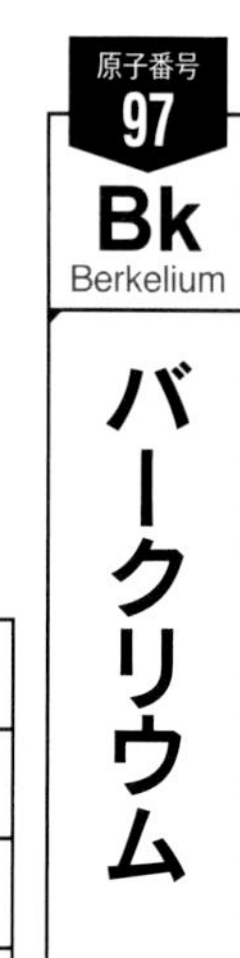

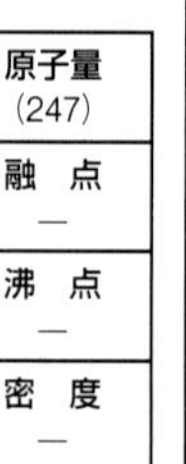

銀色の金属であるバークリウムは、1949年、アメリカ・カリフォルニア大学バークレー校の研究チームが、サイクロトロンを使ってアメリシウム241にα線を衝突させて合成に成功した。
高温で容易に酸化するといわれるが、いまだ謎だらけで、用途も研究用でしかない。元素名はもちろん、発見校の所在地に由来している。

カリホルニウム

原子量	融　点	沸　点	密　度
(252)	—	900℃	—

カリホルニウムは、1949年、カリフォルニア大学バークレー校のグレン・シーボーグらの研究チームが、サイクロトロンを使って、キュリウム242へα粒子を衝突させて発見した銀色の金属だ。

用途のほとんどが研究用だが、カリホルニウム252は原子炉を初めて起動する際の中性子源として利用される。元素名は大学名および州名に由来する。

原子量	融点	沸点	密度
(252)	860℃	—	—

いうまでもなく、相対性理論で知られる物理学者、アルベルト・アインシュタインの名に由来する人工元素だ。

１９５２年、カリフォルニア大学バークレー校における、最初の水爆実験（アイビー作戦）の反応生成物のなかにフェルミウムといっしょに発見された。今では、原子炉内でプルトニウムに高密度の中性子束をぶつけて合成される。

原子番号
100
Fm
Fermium

フェルミウム

原子量	融点	沸点	密度
(257)	—	—	—

アインスタイニウムとともに、１９５２年、アメリカにおける水爆実験で発見された人工元素。同位体はすべて放射性で、高い毒性を持つといわれている。

なお、溶液状態で研究されているだけで、固体のフェルミウムはこれまでにつくられておらず、用途は研究用のみである。

また、元素名は、原子力の父エンリコ・フェルミに由来している。

原子量	融点	沸点	密度
(258)	—	—	—

１９５５年、アメリカの研究チームが、サイクロトロンを使い、アインスタイニウム２５３へα粒子を衝突させることで、初めて合成に成功。これが最初の発見でもあった。安定同位体はなく半減期も短いため、くわしい物理的・化学的性質は不明のままである。

元素名は、周期表の生みの親であるメンデレーエフに由来する。

原子番号 102
No
Nobelium
ノーベリウム

原子量	融点	沸点	密度
(259)	—	900℃	—

１９５７年から翌年にかけて複数の研究チームが発見を主張した研究用の人工元素だが、今ではアメリカのギオルソ、シーボーグらの発見とされている。彼らは、キュリウム２４６に炭素12を衝突させて、半減期が２・３秒というノーベリウム２５４の合成に成功した。

元素名はもちろん、ダイナマイトの発明者、アルフレッド・ノーベルに由来。

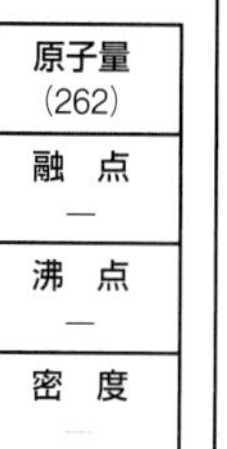

１９６１年、カリフォルニア大学バークレー校の研究チームが、カリホルニウムに重イオン線形加速器という加速器で加速したホウ素を照射して、人工的につくられた元素である。

用途は研究目的のみ。元素名は、アメリカの物理学者でサイクロトロン加速器の発明者でもあるアーネスト・ローレンスに由来する。

原子番号
104
Rf
Rutherfordium

ラザホージウム

原子量
(267)
融点
—
沸点
—
密度
—

１９６９年、カリフォルニア大学バークレー校の研究チームが、カリホルニウム２４９に炭素12、炭素13を衝突させて、ラザホージウム２５７、ラザホージウム２５９をつくったのが始まりとされる人工元素。用途は研究用。

元素名は、原子核を発見し「原子物理学の父」と称される、イギリスの物理学者、アーネスト・ラザフォードに由来。

原子量	融点	沸点	密度
(268)	—	—	—

１９７０年にカリフォルニア大学バークレー校のギオルソらが発見したが、同時期に旧ソ連のドゥブナにあるドゥブナ研究所でも発見された新元素。結果、アメリカはハーニウム、ソ連はニールスボーリウムとふたつの元素名が存在していたが、１９９７年にようやく、この名前に決着。性質の詳細は不明のままで、用途も研究にかぎられている。

原子番号
106
Sg
Seaborgium

シーボーギウム

原子量	融点	沸点	密度
(271)	—	900℃	—

１９７４年、カリフォルニア大学バークレー校のローレンス・バークレー国立研究所のグループと、旧ソ連のドゥブナ合同原子核研究所が同時期に発見した。

ドブニウム同様に命名権で論争が起こったが、１９９３年にアメリカ側に軍配。元素名は、超ウラン元素を数多く合成した功績を持つ、アメリカの物理学者、グレン・シーボーグに由来。

原子量	融点	沸点	密度
(272)	—	—	—

1976年、旧ソ連の研究チームがビスマスにクロム原子核をぶつけて107番目の新元素を合成。その後、1981年には、ドイツの研究チームがドイツ重イオン科学研究所の加速器を使って発見し、命名権が論争になった。結果的には、発見はドイツチームが認められ、量子力学の基礎を築いたデンマークの物理学者ニールス・ボーアの名から命名された。

原子番号
108
Hs
Hassium
ハッシウム

原子量	融点	沸点	密度
(277)	—	—	—

1984年、ドイツの重イオン研究所で初めて合成に成功した人工元素。元素名は、研究所の所在地であるドイツヘッセン州のラテン語名、ハッシア（Hassia）に由来する。周期表を見てのとおり、第8族元素の遷移金属で、性質はオスミウムに似ている。すべての化合物で四酸化ハッシウム（HsO_4）が、現在もっとも大きな原子量を持つ元素を含んでいる。

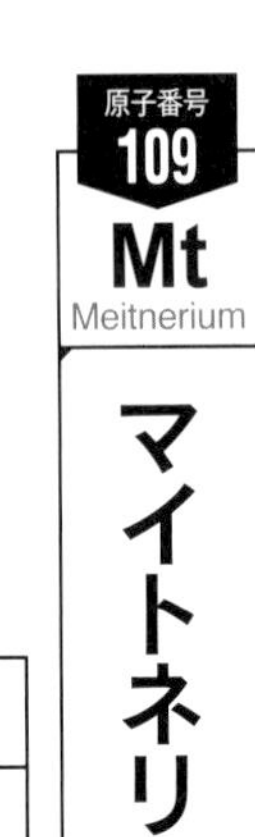

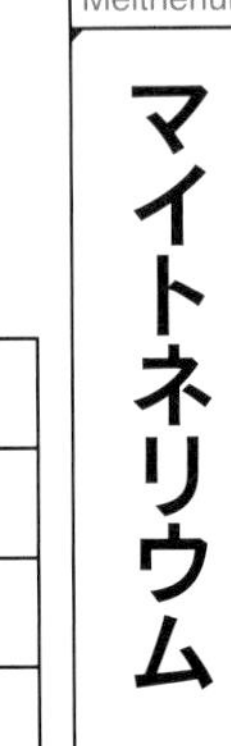

１９８２年、ドイツの重イオン科学研究所の加速器を使った、ビスマス２０９に鉄58イオンを衝突させる実験によって発見された人工元素。半減期が数ミリ秒台と短い。性質の詳細は不明だが、イリジウムに似ていると考えられている。元素名は、ウランの核分裂反応を初めて証明したオーストリアの物理学者、リーゼ・マイトナーに由来。

原子番号 110

Ds

Darmstadtium

ダームスタチウム

原子量	融点	沸点	密度
(281)	—	900℃	—

１９９４年、ドイツの重イオン研究所がニッケル62イオンを、鉛２０８に衝突させることで合成に成功、発見された新元素。発見された同位体の半減期は、いずれもマイクロ秒（１００万分の１秒）台から11秒。これまで性質の詳細は不明だが、銀色あるいは灰色の金属と推定される。元素名は、研究所の所在地、ヘッセン州ダルムシュタット市に由来する。

レントゲニウム

原子量	融点	沸点	密度
(280)	—	—	—

１９９４年、ドイツの重イオン研究所が、ニッケル64をビスマス２０９に衝突、融合させることでわずか３つの原子の合成に成功した。遷移元素の性質を持つ11族で固体の金属と考えられている。密度、融点、沸点などは不明。半減期がもっとも長い同位体はレントゲニウム２８１で26秒である。元素名は、X線を発見した物理学者、レントゲンに由来。

原子番号
112
Cn
Copernicium

コペルニシウム

原子量	融点	沸点	密度
(285)	—	—	—

１９９６年、ドイツの重イオン研究所が、亜鉛70の原子核を鉛２０８に衝突させることで、初めて原子１個の合成に成功した。２００７年に日本の理化学研究所の仁科（にしな）加速器研究センターで追試に成功している。同位体で半減期が最長なのはコペルニシウム２８５で29秒。元素名は、地動説で知られるポーランドの天文学者、コペルニクスに由来する。

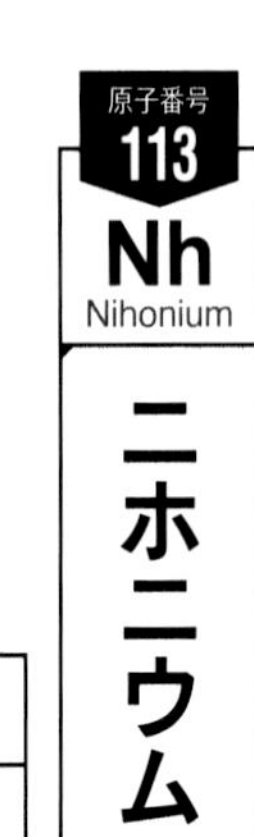

原子量	融点	沸点	密度
(284)	—	—	—

2004年、日本の理化学研究所の研究グループが、加速器を使った亜鉛とビスマスの衝突実験により合成に成功した人工元素。理研は、2012年8月までに約400兆回の衝突実験の末、計3回の合成に成功。2015年12月31日、これが新元素と認められ命名権を獲得。史上初めて日本が発見し認定された元素であり、名称はニホニウムに決まった。

原子番号 114

Fl

Flerovium

フレロビウム

原子量	融点	沸点	密度
(289)	—	900℃	—

1998年、ロシアのドゥブナ合同原子核研究所がプルトニウムとカルシウムを衝突させて生成したが、再確認が進んでいなかった人工元素。2009年になってようやくアメリカで、翌10年にはドイツで生成に成功したと発表された。元素名は、最初に生成したロシアの研究所の設立者ゲオルギー・フリョロフの名に由来し、2013年5月に正式決定。

原子量	融点	沸点	密度
(289)	—	—	—

２００４年、ロシアのドゥブナ合同原子核研究所とアメリカのローレンス・リバモア国立研究所の共同研究チームが、カルシウムとアメリシウムを衝突させて生成に成功。２０１５年に新元素と認められ、ロシアの研究所が立地するモスクワ州にちなんで命名された。周期表ではビスマスの下にあることから「エカビスマス」とも呼ばれる。

原子番号
116
Lv
Livermorium
リバモリウム

原子量	融点	沸点	密度
(289)	—	—	—

２０００年7月19日、ロシアの研究機関、ドゥブナ合同原子核研究所でキュリウムとカルシウムから合成された人工元素。研究に利用されている。

正式名称が決定するまでは、ウンウンヘキシウムの暫定名で呼ばれていた。正式名は、米国のカリフォルニアにあるローレンス・リバモア国立研究所の名に由来し２０１２年５月に決定された。

原子量	融点	沸点	密度
(294)	—	—	—

２００９年、ロシアのドゥブナ合同原子核研究所、アメリカのローレンス・リバモア国立研究所とオークリッジ国立研究所の共同研究チームが、カルシウムとバークリウムを衝突させて合成に成功。２０１５年に新元素と認められ、オークリッジ国立研究所の所在地・テネシー州にちなんで命名された。半減期はきわめて短く、α崩壊しモスコビウムになる。

原子番号 118

Og

Oganesson

オガネソン

原子量	融点	沸点	密度
(294)	—	900℃	—

２００２年、ロシアのドゥブナ合同原子核研究所が、カルシウムとカリホルニウムを衝突させて合成に成功。その後、アメリカのローレンス・リバモア国立研究所と共同研究を進め、２００６年、１１６番元素リバモリウムと同時に生成に成功。２０１５年に新元素に認定され、ロシアで研究を主導した核物理学者ユーリ・オガネシアンの名から命名された。

おわりに

美術品や考古学といった視座を加えた元素の世界、いかがだったでしょうか。やっぱり化学は大変…という方もおいでかもしれませんが、陽子だの電子だの周期表だのといった堅苦しい理屈を離れて、「ルビーって酸化アルミニウムなんだ」、「バナジウムをためる海洋生物がいるんだ」とか「ツタンカーメンの黄金マスクっていろんな元素が使われてるんだ」といったことを楽しく感じていただけたら、もうあなたは元素通です。

本書でたくさん紹介してきたとおり、さまざまな元素がわたしたちの生命だけでなく、生活を支えています。筆者の専門である分析化学の世界では、元素と対話することで、その物質の歴史を読み解いていくことができます。

本書を読まれたことがきっかけで、この元素のこの話をもっと知りたいと思われたら、巻末の参考文献やインターネットを使って、さらに深く調べてただくことをお勧めします。本書は元素の楽しみ方の道案内役とお考えください。

２０２０年７月

中井 泉

■美術・考古学・文化財・宝石に関連する元素

※本書で扱った該当する元素をオレンジ色に塗っています。

族 周期	1	2	3	4	5	6	7	8	9	10	11	12	13	14	15	16	17	18
1	1 H																	2 He
2	3 Li	4 Be											5 B	6 C	7 N	8 O	9 F	10 Ne
3	11 Na	12 Mg											13 Al	14 Si	15 P	16 S	17 Cl	18 Ar
4	19 K	20 Ca	21 Sc	22 Ti	23 V	24 Cr	25 Mn	26 Fe	27 Co	28 Ni	29 Cu	30 Zn	31 Ga	32 Ge	33 As	34 Se	35 Br	36 Kr
5	37 Rb	38 Sr	39 Y	40 Zr	41 Nb	42 Mo	43 Tc	44 Ru	45 Rh	46 Pd	47 Ag	48 Cd	49 In	50 Sn	51 Sb	52 Te	53 I	54 Xe
6	55 Cs	56 Ba	57～71 ランタノイド	72 Hf	73 Ta	74 W	75 Re	76 Os	77 Ir	78 Pt	79 Au	80 Hg	81 Tl	82 Pb	83 Bi	84 Po	85 At	86 Rn
7	87 Fr	88 Ra		104 Rf	105 Db	106 Sg	107 Bh	108 Hs	109 Mt	110 Ds	111 Rg	112 Cn	113 Nh	114 Fl	115 Mc	116 Lv	117 Ts	118 Og
				57 La	58 Ce	59 Pr	60 Nd	61 Pm	62 Sm	63 Eu	64 Gd	65 Tb	66 Dy	67 Ho	68 Er	69 Tm	70 Yb	71 Lu
			89～103 アクチノイド	89 Ac	90 Th	91 Pa	92 U	93 Np	94 Pu	95 Am	96 Cm	97 Bk	98 Cf	99 Es	100 Fm	101 Md	102 No	103 Lr

■生命や食、健康、医療に関連する元素

※本書で扱った該当する元素を青色に塗っています。

族 周期	1	2	3	4	5	6	7	8	9	10	11	12	13	14	15	16	17	18
1	1 H																	2 He
2	3 Li	4 Be											5 B	6 C	7 N	8 O	9 F	10 Ne
3	11 Na	12 Mg											13 Al	14 Si	15 P	16 S	17 Cl	18 Ar
4	19 K	20 Ca	21 Sc	22 Ti	23 V	24 Cr	25 Mn	26 Fe	27 Co	28 Ni	29 Cu	30 Zn	31 Ga	32 Ge	33 As	34 Se	35 Br	36 Kr
5	37 Rb	38 Sr	39 Y	40 Zr	41 Nb	42 Mo	43 Tc	44 Ru	45 Rh	46 Pd	47 Ag	48 Cd	49 In	50 Sn	51 Sb	52 Te	53 I	54 Xe
6	55 Cs	56 Ba	57～71 ランタノイド	72 Hf	73 Ta	74 W	75 Re	76 Os	77 Ir	78 Pt	79 Au	80 Hg	81 Tl	82 Pb	83 Bi	84 Po	85 At	86 Rn
7	87 Fr	88 Ra	89～103 アクチノイド	104 Rf	105 Db	106 Sg	107 Bh	108 Hs	109 Mt	110 Ds	111 Rg	112 Cn	113 Nh	114 Fl	115 Mc	116 Lv	117 Ts	118 Og
				57 La	58 Ce	59 Pr	60 Nd	61 Pm	62 Sm	63 Eu	64 Gd	65 Tb	66 Dy	67 Ho	68 Er	69 Tm	70 Yb	71 Lu
				89 Ac	90 Th	91 Pa	92 U	93 Np	94 Pu	95 Am	96 Cm	97 Bk	98 Cf	99 Es	100 Fm	101 Md	102 No	103 Lr

■主要参考文献（刊行年順）

馬淵久夫『元素の事典』（1994年、朝倉書店）
桜井弘『生命元素事典』（2006年、オーム社）
フランソワ・ドラマー、ベルナール・ギノー著『色彩ー色材の文化史』（柏木博監修、ヘレンハルメ美穂訳、2007年、創元社）
Newton別冊『完全図解 周期表』（2007年、ニュートンプレス）
Newton別冊『化学の"カラクリ"がよくわかるイオンと元素』（2007年、ニュートンプレス）
セオドア・グレイ『世界で一番美しい元素図鑑』（若林文高監修、武井摩利訳、2010年、創元社）
山本喜一監修『最新図解　元素のすべてがわかる本』（2011年、ナツメ社）
元素周期萌研究会編『ELEMENT GIRLS 元素周期』
左巻建男、田中陵二『よくわかる元素図鑑』（2012年、PHP研究所）
国立天文台編『理科年表 平成25年』（2012年、丸善出版）
城一夫『色の知識』（2012年、青幻社）
桜井弘『元素111の新知識 第2版増補版』（2013年、講談社）

■写真提供
岡山市立オリエント美術館
MIHO MUSEUM
サントリー美術館
宮内庁正倉院事務所
律宗総本山 唐招提寺
早稲田大学エジプト学研究所
NASA
株式会社SUMCO
成巽閣
フォトライブラリー
アフロ
中井 泉

■資料協力
ミネラルストリート（登石 泉）

■編集協力
田口学（アッシュ）

■執筆協力
村沢譲、村上裕也、松立学、宮永忠将

炭酸カルシウムを主成分とする石灰岩によってつくられたスフィンクスやピラミッド（エジプト）。

早稲田大学エジプト調査隊（吉村作治隊長）によるエジプト・ルクソール・王家の谷・アメンホテップ3世王墓壁画（紀元前14世紀頃）のUNESCO保存修復プロジェクトに、筆者らは2011年12月に参加する機会を得た。そして、非破壊その場分析により、壁画の顔料組成を明らかにした。

ヒ素を2万ppm蓄積して、土壌のヒ素汚染を除去できる植物モエジマシダ。

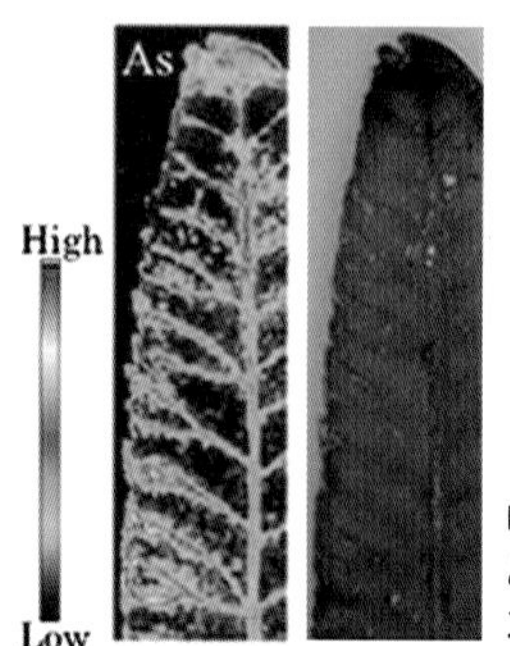

吸収したヒ素がモエジマシダの葉（右）のどこにたまっているかを蛍光X線イメージングで解明した（左）。

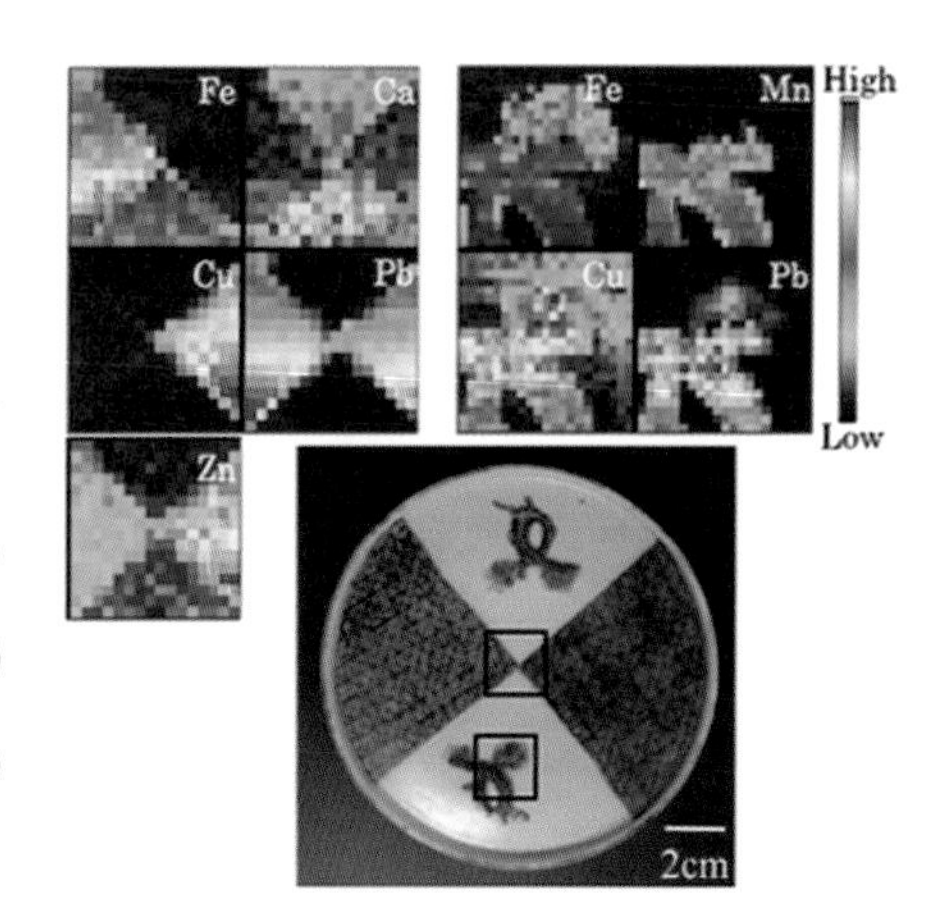

古九谷梅樹七宝圖小皿（写真下）の蛍光X線イメージング。緑色部分（七宝）にはCu（銅）とPb(鉛)が、茶色部分（梅の木）にはMn（マンガン）が、赤色（梅の花）と黄色（七宝）部分にはFe（鉄）がおもな顔料として用いられていることがわかった。

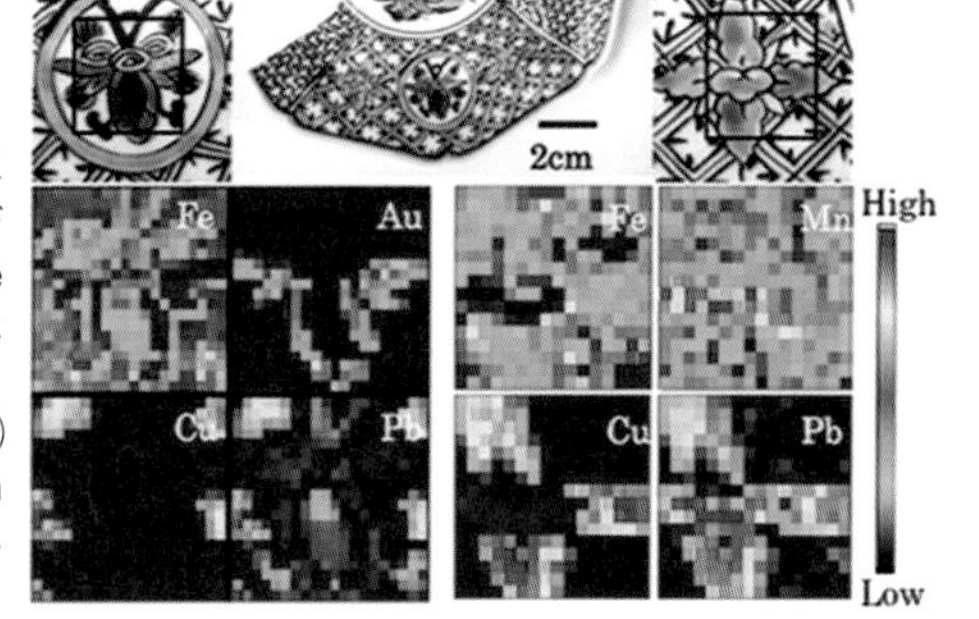

古伊万里赤絵皿（写真上）の蛍光X線イメージング。赤色顔料にはFe（鉄）が、緑色顔料にはCu（銅）とPb（鉛）が、金色顔料にはAu（金）が、紫色顔料にはMn（マンガン）が用いられていることがわかった。

「蛍光X線イメージング」とは？

細くしぼったX線を試料に照射し、発生する蛍光X線を調べることで、含まれる元素の種類と量がわかる。イメージングでは試料を動かして、元素分布を画像化することで、文様などを元素のイメージに変換できる。元素濃度の高いほうから低いほうへ、暖色から寒色の色で表す。

元素は語る
考古化学で読む元素図鑑

著者　中井　泉

2020年8月10日　初版発行

中井　泉（なかい　いずみ）
1953年、東京生まれ、化学者。東京教育大学理学部化学科卒業、筑波大学大学院化学研究科博士課程修了。理学博士（筑波大学）。東京理科大学名誉教授。同学理学部応用化学科教授、グリーン&セーフティ研究センター長等を歴任。前日本ガラス工芸学会会長。ポータブル分析装置を使って、エジプト、トルコなど世界の考古遺跡・博物館で文化財をその場で分析し、物質史の解読を行う。その他、分析化学、鑑識科学、結晶化学、鉱物科学など多岐にわたる研究を展開。周期表のすべての元素を研究対象とする。おもな著書に『蛍光X線分析の実際第2版』（朝倉書店、2016年）など。

発行者　横内正昭
編集人　内田克弥
発行所　株式会社ワニブックス
〒150-8482
東京都渋谷区恵比寿4-4-9えびす大黒ビル
電話　03-5449-2711（代表）
03-5449-2716（編集部）

カバーデザイン　志村佳彦（ユニルデザインワークス）
フォーマット　橘田浩志（アティック）
本文デザイン・DTP製作　奥主詩乃（アッシュ）
編集　川本悟史（ワニブックス）

印刷所　凸版印刷株式会社
製本所　ナショナル製本

ISBN 978-4-8470-6643-6
ワニブックスHP　http://www.wani.co.jp/
WANI BOOKOUT　http://www.wanibookout.com/
WANI BOOKS NewsCrunch　https://wanibooks-newscrunch.com/